Zum 60. Jahrestag
der Großen Sozialistischen
Oktoberrevolution

ZEITSCHRIFT FÜR ANGEWANDTE GEOLOGIE

HERAUSGEGEBEN VOM
ZENTRALEN GEOLOGISCHEN INSTITUT
IM AUFTRAG DES
MINISTERIUMS FÜR GEOLOGIE

AUS DEM INHALT

AKADEMIE-VERLAG · BERLIN

HEFT 10
BAND 23
OKTOBER 1977
SEITE 485–540
EVP: 2,– M
34114

Die ZEITSCHRIFT FÜR ANGEWANDTE GEOLOGIE berichtet ständig über folgende Arbeitsgebiete: Geologische Grundlagenforschung und Lagerstättenforschung / Methodik der geologischen Erkundung / Ökonomie und Planung der geologischen Erkundung / Technik der geologischen Erkundung / Geologie und Lagerstättenkunde im Ausland. In der Zeitschrift können alle strittigen Fragen der praktischen Geologie behandelt werden. Die Autoren übernehmen für ihre Aufsätze die übliche Verantwortung

Zeitschrift für angewandte Geologie 10/77

Herausgegeben vom Zentralen Geologischen Institut Berlin im Auftrag des Ministeriums für Geologie der Deutschen Demokratischen Republik
Verlag: Akademie-Verlag, 108 Berlin, Leipziger Straße 3–4

ORJOL, W. J E

Die Erfolge der Erdgasindustrie der Sowjetunion und einige methodische Besonderheiten der Erkundung von Erdgaslagerstätten

Z. angew Geol., Berlin, **23** (1977) 10, S. 486–492, 1 Tab, 5 Lit

Die stürmische Entwicklung der sowjetischen Erdgasindustrie wird am Beispiel wichtiger erdgasführender Provinzen charakterisiert. Anknüpfend an neue Erkenntnisse über Gesetzmäßigkeiten der Bildung und Verteilung von Erdgas- und Erdöllagern werden die besonderen Erfordernisse und Methoden einer spezifischen Erkundung sowie des Abbaus von Erdgaslagerstätten verschiedenen Typs behandelt. Weiterhin wird auf die Unterstützung, die seitens der UdSSR der DDR auf diesem Gebiet gewährt wird, eingegangen.

MAKSIMOW, S P, SAFONOWA, G I

Einige Kriterien der geochemischen Charakteristik und der katagenetischen Umwandlungen der Erdöle anhand der Zusammensetzung der spezifischen Reliktkohlenwasserstoffe

Z angew Geol, Berlin, **23** (1977) 10, S. 492–497, 4 Abb., 4 Tab., 11 Lit.

Es wird nachgewiesen, daß die Zusammensetzung der hochmolekularen n-Alkane die Möglichkeit gibt, die stratigraphische Zugehörigkeit der Erdöle zu präzisieren, sowie den Einfluß des Temperaturfaktors in den Schichten auf die quantitative Zusammensetzung der Erdöle genauer zu fassen, daß ferner die Größe $\frac{\text{Pristan}}{\text{Phytan}}$ der Isoprenoidkohlenwasserstoffe genetische Bedeutung hat. Zusätzliche Berechnungen des Marinitätskoeffizienten der Erdöle nach K F. SALMANOW gestatten es, die Abhängigkeit dieses Kriteriums von den Faziesverhältnissen nachzuweisen Der Gehalt an polyzyklischen Naphthenen in den Erdölen hat ebenfalls genetische Bedeutung. Der hohe Gesamtgehalt an reliktischen Kohlenwasserstoffen in den verschiedenen Erdölen bestätigt ihre organische Herkunft

ORJOL, W. E.; GOLDBECHER, K.; u. a.

Quantitative Einschätzung des zu fördernden Wassers beim Abbau von Erdgaslagerstätten

Z angew Geol., Berlin, **23** (1977) 10, S. 498–500, 3 Abb

Es wird eine quantitative Einschätzung des geförderten Kondensationswassers und des mineralisierten Wassers beim Abbau einer Erdgaslagerstätte gegeben. Die Ergebnisse der Berechnungen werden mit Meßdaten aus Bohrungen verglichen. Anhand der Bestimmung der Veränderung des Chlorionengehalts in der geförderten Produktion wurde der Stand des Exploitationsfonds der Bohrungen aus der Sicht der ausgebrachten mineralisierten Wässer eingeschätzt. Das gab die Möglichkeit, Gruppen von Bohrungen zu ermitteln, die sowohl durch konstante Abnahme des Mineralisationsgrads, als auch durch eine relative Zunahme der Mineralisation der ausgebrachten Wässer gekennzeichnet sind.

HETZER, H., SOLOWJOW, B. A, SILONOW, F. A

Erdöl-erdgasgeologische Rayonierung des Nordseeaquatoriums

Z. angew Geol., Berlin, **23** (1977) 10, S 500–508, 5 Abb, 2 Tab., 16 Lit.

Der Nordseeraum bildet die gegenwärtig größte erdöl-erdgasführende Region Westeuropas, in der bis jetzt mit ca. 830 Bohrungen 3 bis 3,5 Mrd. t Erdöl und 2500 Mrd. m^3 Erdgas nachgewiesen wurden. Der geologische Bau ist durch kaledonisch konsolidiertes Fundament und aufgelagerte mächtige, tektonisch komplizierte Serien des Perms, Mesozoikums und Känozoikums charakterisiert. Nach der geologisch-tektonischen Entwicklung und der Kohlenwasserstoffführung lassen sich das gasführende Gebiet des südlichen Permbeckens, das Erdöl-Erdgasgebiet des Zentral- und Vikinggrabens, das Erdöl-Erdgasgebiet der Brenter Scholle und der Moray-Firth-Senke sowie das perspektivische Gebiet der Norwegisch-Dänischen Senke ausgliedern. Aus der Analyse der Höffigkeitskriterien ist die Schlußfolgerung möglich, daß die potentiellen Ressourcen des Nordseeraums noch höher als die bisher erschlossenen Erdöl-Erdgasvorräte liegen

UDINZEW, G. B., KRÜGER, P., u. a.

Geologische Untersuchungen im Gebiet der Insel Jan Mayen
Teil I: Vorläufige morphologische und geologische Untersuchungsergebnisse aus dem MOHN-Rücken nördlich Jan Mayen

Z. angew Geol, Berlin, **23** (1977) 10, S 509–512, 3 Abb, 9 Lit

GAREZKI, R. G.; AISBERG, R. E.

Zur Methodik der Zusammenstellung tektonischer Karten von Tafelgebieten

Z. angew Geol., Berlin, **23** (1977) 10, S 512–517, 1 Abb, 6 Lit

Das Prinzip der Rayonierung nach dem Alter der Hauptfaltung, das zahlreichen tektonischen Übersichtskarten großer Gebiete zugrunde liegt, ist wenig geeignet für das Zusammenstellen mittel- und großmaßstäblicher regionaler tektonischer Karten. Der Grund liegt darin, daß auf den Übersichtskarten die großen Strukturelemente, die Entwicklungsgeschichte und die Tafeldeck gebirge nicht ausreichend dargestellt werden können. Der tektonischen Karte von Bjelorußland i. M 1 500000 liegt die Darstellung der räumlichen Beziehungen der Strukturkomplexe und -stockwerke von Tafelgebieten, speziell der mächtigkeitsmäßig dominierenden, zugrunde Das heißt es wird eine Rayonierung nach dem Alter der Hauptbildungsetappe der Tafelstrukturen vorgenommen. Im Anschluß an die Beschreibung der Methodik werden Vorbereitung und Strukturbau der einzelnen Komplexe eingehend dargestellt.

WJALOW, O. S., MEDWEDEW, A. P

Die präalpidische Struktur der westlichen Ukraine und Südpolens und die Wechselbeziehungen zwischen Tafel- und Geosynklinalgebieten

Z. angew Geol., Berlin, **23** (1977) 10, S. 517–521, 1 Abb, 22 Lit.

Am Beispiel der Westukraine und Südpolens, die in der Scharnierzone von Osteuropäischer Tafel und verschiedenaltrigen Anteilen des mediterranen Geosynklinalgürtels liegen, werden die zeitlich-räumlichen Wechselbeziehungen zwischen Tafeln und Geosynklinalen dargestellt Die geotektonische Entwicklung der Scharnierzone zwischen Riphäikum und Karbon zeichnet sich dadurch aus, daß sich infolge fortschreitender Konsolidierung der immer jüngeren Geosynklinalsysteme die Tafel fortbaut und daß zwischen Tafel und Geosynklinale ein kontinuierlicher Senkungsraum (kaledonisch, variszische und alpidische Vorgebirgssenke) existiert

BALASANJAN, S. I.

Magmatische Tiefenprozesse, die mit ihnen zusammenhängende Tektogenese und die Entwicklung eines mobilen Gürtels der Erdkruste

Z. angew. Geol., Berlin, **23** (1977) 10, S. 521–524, 15 Lit.

Am Beispiel des Kleinen Kaukasus wird der Zusammenhang zwischen Magmatismus und Tektonik betrachtet, wobei auch auf die Ursachen dieser Erscheinungen eingegangen wird Es wird versucht, den magmatisch-tektonischen Ablauf mit dem stofflichen Werden und dem Gehalt der Gesteine zu parallelisieren. Anschließend wird auf die magmatisch-stoffliche Eigenständigkeit eines jeden mobilen Gürtels hingewiesen.

SCHTSCHEGLOW, A D

Die Erzgeologie im neuen Fünfjahrplan der UdSSR

Z. angew Geol, Berlin, **23** (1977) 10, S. 524–528

Die sowjetische Erzgeologie war in der systematischen Nutzung bereits erkundeter und bei der Erschließung neuer Lagerstätten mit einem entscheidenden Beitrag an der Stärkung der Volkswirtschaft beteiligt. Die Erfolge der sowjetischen Geologen sind auf das komplexe Herausgehen an die Lösung solcher Fragen, wie die der Bildungsbedingungen und Verteilung der Lagerstätten zurückzuführen. Für die Zukunft stellt man sich die Aufgabe, mit modernen wissenschaftlichen Methoden in bereits „abgebauten" Gebieten nach Erzen zu suchen und die Rohstoffbasis in den neu aufzubauenden Industriezentren, vor allem im asiatischen Teil der UdSSR, durch Perspektiverkundung zu sichern Die Rolle von Teildisziplinen der Geologie wird hierbei hervorgehoben

PINNEKER, E. K, PISARSKI, B. I

Aktuelle hydrogeologische Probleme beim Bau der Baikal-Amur-Magistrale (BAM)

Z angew Geol, Berlin, **23** (1977) 10, S. 528–532, 8 Abb

Unter Verweis auf die Bedeutung der Baikal-Amur-Magistrale (BAM) für die Erschließung der sibirischen Bodenschätze wird die große Bedeutung der Lösung hydrogeologischer Fragen beim Bau der BAM dargelegt Vier Hauptfragen werden untersucht – die Grundwassererkundung und -erschließung zu Versorgungszwecken, – hydrogeologische Probleme beim Bau der BAM und der Lagerstättenerschließung, – Verbreitungsgesetzmäßigkeiten und Genese der Grundwässer, – Grundwasserschutz Dabei werden Probleme des Permafrosts behandelt und auf Erschließungs- und Nutzungsmöglichkeiten von Mineralwässern als Heil-, industriell nutzbare und thermoenergetische Wässer eingegangen.

Zeitschrift für angewandte Geologie 10/77

Herausgegeben vom Zentralen Geologischen Institut Berlin im Auftrag des Ministeriums für Geologie der Deutschen Demokratischen Republik
Verlag: Akademie-Verlag, 108 Berlin, Leipziger Straße 3–4

ORJOL, W. J.

The Successes of the Gas Industry of the Soviet Union and Some Methodical Peculiarities of Prospecting for Gas Deposits

Z. angew. Geol., Berlin, 23 (1977) 10, pp. 486–492, 1 Table, 5 Refs.

The stormy development of the Soviet gas industry is illustrated by important gas-bearing provinces. The particular requirements and methods of a specific prospection, as well as of the exploitation of various types of gas deposits, are discussed on the basis of new knowledge of the regularities of formation and distribution of gas and oil-bearing beds. Information is also given of the aid provided by the U.S.S.R. to the G.D.R. in this field.

MAKSIMOW, S. P.; SAFONOWA, G. I.

Some Criteria of Geochemical Characteristic and Katagenetic Oil Alterations Based on the Composition of Residual Hydrocarbons

Z. angew. Geol., Berlin, 23 (1977) 10, pp. 492–497, 4 Figs., 4 Tables, 11 Refs.

It is shown that the composition of high-molecular n-alkanes makes it possible to define exactly the stratigraphical pertinence of oils, to determine more exactly the influence of the temperature in the beds on the quantitative oil composition, and that a genetic importance must be attached to the $\frac{\text{pristane}}{\text{phytane}}$ quantity of isoprenoid hydrocarbons. Additional calculations of the marinity coefficient of oils according to K. F. SALMANOW permit to demonstrate the dependence of this criterion on the facies conditions. The content of polycyclic naphthenes in oils has also a genetic significance. The high total content of residual hydrocarbons in various oils confirms their organic origin.

ORJOL, W. E.; GOLDBECHER, K.; et al.

Quantitative Estimate of the Water to Be Raised when Exploiting Gas Deposits

Z. angew. Geol., Berlin, 23 (1977), 10, pp. 498–500, 3 Figs.

The condensation water raised and the mineralized water are estimated quantitatively when exploiting a gas deposit. The results of calculation are compared with those obtained by borehole measurements. From a determination of the change of content of chlorine ions in the production raised the state of the fund of exploitation of bore-holes was estimated from the point of view of mineralized waters produced. Thus it was possible to determine groups of bore-holes characterized by both a constant decrease of the degree of mineralization and a relative increase of mineralization of the waters produced.

HETZER, H.; SOLOWJOW, B. A.; SILONOW, F. A.

Oil and Gas Geological Regional Division of the Water-Covered Areas of the North Sea

Z. angew. Geol., Berlin, 23 (1977) 10, pp. 500–508, 5 Figs., 2 Tables, 16 Refs

In the North Sea, at present the largest oil and gas-bearing region of Western Europe, 3 to 3.5 milliard tons of oil and 2.500 milliard m^3 of gas have been proved so far by about 830 drillings. The geological structure is characterized by a Caledonian-consolidated basement and superposed thick, tectonically intricate, Permian, Mesozoic and Caenozoic series. From the geological-tectonic development and hydrocarbon content can be separated the gas-bearing area of the southern Permian basin, the oil and gas area of the Central and Viking graben, the oil and gas area of the Brent block and Moray-Firth depression, as well as the perspective area of the Norwegian-Danish depression. From an analysis of prospective criteria may be concluded that the potential resources of the North-Sea area are still higher than those so far developed.

UDINZEW, G. B.; KRÜGER, P.; et al.

Geological Investigations in the Area of the Jan Mayen Island
Part 1: Preliminary Morphological and Geological Results of Investigation from the MOHN Ridge, North of Jan Mayen

Z. angew. Geol., Berlin, 23 (1977) 10, pp. 509–512, 3 Figs., 9 Refs.

GAREZKI, R. G.; AISBERG, R. N.

The Technique of Compiling Tectonic Maps of Platform Areas

Z. angew. Geol., Berlin, 23 (1977) 10, pp. 512–517, 1 Figs., 6 Refs.

The principle of regional division by the main folding age, on which numerous general tectonic maps of large areas are based, is little suited for compiling middle and large-scale regional tectonic maps. The reason for this is that large structural elements, the history of development and platform covers cannot sufficiently be represented in general maps. The tectonic map of White Russia, drawn on a scale of 1:500000, is based on the representation of spatial relations of structural complexes and stages of platform areas, in particular of those predominating from a thickness point of view. This means that the region is divided by the age of the main phase of formation of platform structures. Following a description of the technique, a detailed account is given of the preparation and structure of the individual complexes.

WJALOW, O. S.; MEDWEDEW, A. P.

The Pre-Alpidic Structure of the Western Ukraine and Southern Poland and the Mutual Relations between Platform and Geosynclinal Areas

Z. angew. Geol., Berlin, 23 (1977) 10, pp. 517–521, 1 Figs., 22 Refs.

The Western Ukraine and Southern Poland situated in the bend zone of the Eastern European platform and parts of different ages of the Mediterranean geosynclinal belt serve as an example to describe in space and time the mutual relations between platforms and geosynclines. The geotectonic development of the bend zone between Riphaean and Carboniferous is distinguished by a continuing structure of the platform due to a progressive consolidation of the ever younger geosynclinal systems, and by the existence of a continuous depression area (Caledonian, Variscan and Alpidic promontory depression) between platform and geosyncline.

BALASANJAN, S. I.

Deep-Seated Magmatic Processes, the Tectogenesis Connected with them, and the Development of a Mobile Belt of the Earth's Crust

Z. angew. Geol., Berlin, 23 (1977) 10, pp. 521–524, 15 Refs.

The Little Caucasus serves as an example to consider the relationship between magmatism and tectonics, and to investigate the causes underlying these phenomena. An attempt made to parallelize the magmatic-tectonic sequence with the material development and the content of rocks is followed by suggesting the magmatic-material independence of each mobile belt.

SCHTSCHEGLOW, A. D.

Ore Geology in the New Five-Year Plan in the U.S.S.R.

Z. angew. Geol., Berlin, 23 (1977) 10, pp. 524–528.

In the systematic utilization of deposits already explored, or in the prospection of new ones, Soviet ore geology has a decisive share in strengthening the national economy. Successes achieved by Soviet geologists must be attributed to complexly approaching the solution of problems such as the conditions of formation and distribution of deposits. The task set for the future is to prospect for ores by modern scientific methods in areas already „mined" and to secure the raw material basis in industrial centres newly to be developed by perspective exploration, above all in the Asiatic part of the U.S.S.R. In this respect the role of partial geological branches is emphasized.

PINNEKER, E. K.; PISARSKI, B. I.

Topical Hydrogeological Problems to Be Solved in the Construction of the Baikal-Amur Railway Line

Z. angew. Geol., Berlin, 23 (1977) 10, pp 528–532, 8 Figs.

The importance of the Baikal-Amur railway line for opening up the mineral resources of Sibiria is emphasized, as is that of solving hydrogeological problems during its construction. Four questions arising in this connection are as follows: exploration and capture of ground water for supply purposes, hydrogeological problems of railway construction and deposit development, regularities of distribution and genesis of ground waters, and ground-water protection. Other problems discussed include eternal frost, as well as possibilities of exploring and utilizing mineral waters for medicinal, industrial and thermoenergetic purposes.

PEDKO, A.

Method for Determining the Want of Bits when Sinking Drillings under Intricate Geological Conditions

Z. angew. Geol., Berlin, 23 (1977) 10, pp. 533–535, 2 Tables, 12 Refs.

The dependences of the bit-run length on the depth are fixed, whose linearity and sufficient accuracy was to be proved. Factors influencing this length serve as a basis of calculating the number of bits required within a drilling field. This method of determining the want of bits is applicable to any deposits.

ZEITSCHRIFT FÜR ANGEWANDTE GEOLOGIE

Träger der Ehrennadel in Gold
der Gesellschaft für Deutsch-Sowjetische Freundschaft

BAND 23 · OKTOBER 1977 · HEFT 10

Zum 60. Jahrestag der Großen Sozialistischen Oktoberrevolution

Das Jahr 1917 leitete eine Wende in der Weltgeschichte ein. Der Sieg der Oktoberrevolution ist das Hauptereignis unseres Jahrhunderts. Es begann die Epoche des weltweiten Übergangs der Menschheit vom Kapitalismus zum Kommunismus.

Die Erfolge der Erdgasindustrie der Sowjetunion und einige methodische Besonderheiten der Erkundung von Erdgaslagerstätten

ORJOL, W. J., UdSSR

Das sechzigjährige Jubiläum der Großen Sozialistischen Oktoberrevolution ist ein wichtiger Markstein im Leben des Sowjetvolks, in der Entwicklung der gesamten Weltbefreiungsbewegung. Die Sowjetunion und die gesamte fortschrittliche Menschheit begehen diesen denkwürdigen Tag unter dem Zeichen neuer Siege des Sozialismus, der Lehre von Marx-Engels-Lenin, der Ideen des proletarischen Internationalismus. Die Erfolge der Heimat des Oktobers sind ein überzeugender Beweis dafür, daß der Sozialismus ein in der Geschichte bisher nicht gekanntes Fortschrittstempo aller Seiten des Lebens der Gesellschaft gewährleistet hat.

Während vor der Revolution auf den Anteil unseres Landes nur wenig über 4 Prozent der Weltindustrieproduktion entfielen, beträgt sein Anteil heute ein Fünftel. In der Sowjetunion werden mehr Gußeisen, Stahl, Erdöl, Kohle, Zement und andere Produkte als in einem beliebigen Land der Welt produziert. Neu geschaffen und weiter entwickelt wurde ein außerordentlich wichtiger Zweig der Volkswirtschaft — die Erdgasindustrie. Während 1940 insgesamt 3,2 Mrd. m³ Erdgas gefördert wurden, betrug 1976 die Erdgasförderung in der UdSSR 320 Mrd. m³ und sie soll 1977 342 Mrd. m³ erreichen.

Neue erdgasführende Gebiete und Erdgaslagerstätten

In den letzten 15 Jahren entwickelte sich die Erdgasindustrie in besonders stürmischem Tempo. Durch Such- und Erkundungsarbeiten sind neue, außerordentlich reiche erdgasführende Gebiete und Provinzen entdeckt worden. Erkundet und in Betrieb genommen wurden große Erdgaslagerstätten in Mittelasien, im N Westsibiriens, in der Ukraine und im Gebiet Orenburg, in der Komi ASSR u. a. Die nachgewiesenen Erdgasvorräte in den industriellen Kategorien betrugen mit Stand vom 1. Januar 1977 26 Bill. m³. Im Land sind über 700 Erdgas- und Erdgas-Erdöllagerstätten entdeckt worden, von denen 360 Lagerstätten mit Gesamtvorräten an Erdgas von über 9 Bill. m³ exploitiert werden. Von den erkundeten Gesamtvorräten entfallen auf die europäischen Gebiete 17%, auf die Gebiete Sibiriens und des Fernen Ostens 69%, auf die Gebiete Mittelasiens und Kasachstans 14%.

Die erkundeten Erdgasvorräte sind vorwiegend an erdgasführende Gebiete gebunden, d. h. an Territorien, in denen die Erdölvorräte eine relativ geringe Rolle spielen. Solche Gebiete sind der N des Gebiets Tjumen, Ostturkmenien und Westusbekistan, der südöstliche Teil der Dnepr-Donez-Senke, das zentrale Kaukasusvorland u. a. Die Erdgasvorräte in diesen Gebieten hängen in der Regel mit großen, reinen Erdgaslagerstätten zusammen. Die Rolle der Gaskappen ist hier ganz geringfügig (3,5%).

Eingang des Manuskripts in der Redaktion: 20. 6. 1977.
Übers.: W. OESTREICH, Berlin

Westsibirien

Westsibirien ist die größte erdölerdgasführende Provinz der UdSSR; sie umfaßt das Territorium von der Ostabdachung des Urals bis zum Jenissej und vom Nördlichen Eismeer bis zu den Faltengebirgen Kasachstans und des Altai. In den schwer zugänglichen Gebieten des N von Westsibirien liegt die Hauptrohstoffbasis der Erdgasindustrie des Landes. Hier wurden über 50 Erdgaslagerstätten und Gaskondensatlagerstätten entdeckt. Ein großer Teil der erkundeten Vorräte ist in einigen Riesenlagerstätten konzentriert wie Urengoj, Jamburgskoje, Sapoljarnoje, Medweshje, Bowanenkowskoje; die Erdgasvorräte jeder dieser Lagerstätten betragen über 1 Bill. m³.

Die Haupt-Erdgasvorräte des gasführenden Gebiets von Nord-Tjumen hängen mit Ablagerungen des Cenomans zusammen, die aus wechsellagernden Schichten von Sandsteinen, Aleurolithen und Tonen bestehen. Die Ablagerungen sind 200 bis 300 m mächtig, die Porosität der Speichergesteine beträgt 27 bis 29%, ihre Permeabilität bis 3000 md. Die cenomanen Ablagerungen bilden gemeinsam mit den Ablagerungen des Albs, Apts und Oberen Valendis eine hydrodynamisch einheitliche Serie. Die Erdgas- und Erdgas-Erdöl-Lager entstanden in ihrem Hangenden in Teufen von 700 bis 1350 m. Die Überdeckung dieser Folge besteht aus tonigen marinen Schichten des Turon-Dans mit einer Mächtigkeit von 400 bis 850 m und darüber. Die cenomanen Lager stehen mit großen lokalen Strukturen, die eine Fläche von 3000 bis 1000 km² und einer Amplitude von 100 bis 250 m aufweisen, im Zusammenhang. Die Lager sind massig und werden über ihre ganze Fläche von Wasser unterlagert.

Die in den Schichten des Cenomans festgestellten Erdgase sind in der Hauptsache durch Methanzusammensetzung gekennzeichnet. Der CH_4-Gehalt beträgt 96 bis 99%, der Gehalt an schweren Kohlenwasserstoffen nicht mehr als 0,82%. Die Erdgase der tieferen Horizonte enthalten bis 10 bis 15% schwere Kohlenwasserstoffe. Die Tab. zeigt die Charakteristik der größten Erdgaslagerstätten im nördlichen Teil des Gebiets Tjumen.

Tabelle

Lfd. Nr.	Lagerstätte	Jahr der Entdeckung	Typ des Speichergesteins	Lagerungsteufe des Gas-Wasser-Kontakts	Arbeitsförderraten (1000 m³ Erdgas/Tag)	Erdgasvorräte (Mrd. m³)
1	Urengoj	1966	sandig	1100	750	4112
2	Jamburgskoje	1969	sandig	1084	1500	4400
3	Sapoljarnoje	1965	sandig	1000	1500	2086
4	Medweshje	1962	sandig	1200	1000	1536
5	Bowanenkowskoje	1971	sandig	600	400	1460

In zügigem Tempo nimmt die Erdgasförderung im N Westsibiriens zu. Hier formiert sich der größte territoriale Produktionskomplex für die Förderung und den Transport von Erdgas. In vollem Gang ist der Abbau der Riesenlagerstätte Medweshje. Die Arbeiten zur Vorbereitung der Lagerstätte Urengoj und für den Bau der Erdgasleitung Urengoj-Nadym werden forciert, damit bereits 1978 hier die ersten 15 Mrd. m^3 Erdgas gefördert werden können. Heute arbeiten unter den Verhältnissen der Tundra, der Sümpfe und des ewigen Frosts vollständig automatisierte Erdgasförderbetriebe großer Kapazität. Es wird ein Zentrum der Erdgasindustrie — die Stadt Nadym — im N Westsibiriens gebaut und eingerichtet. 1976 wurden hier 49 Mrd. m^3 Erdgas gefördert, für 1977 ist die Förderung von 66 Mrd. m^3 geplant, wodurch diese Region auf den ersten Platz im Lande vorrücken wird. Im Jahre 1980 wird im Gebiet Tjumen die Erdgasförderung auf eine Höhe von 155 Mrd. m^3 gebracht werden.

Orenburg

Ein großer Erfolg war auch die Schaffung des Orenburger Komplexes, durch den dem Wesen nach der Grundstein für die Entwicklung eines neuen hocheffektiven erdgaschemischen Unterzweigs gelegt wurde. In Betrieb genommen und vorfristig genutzt wurden seine ersten beiden Betriebsstufen. Dies ermöglichte es, über 30 Mrd. m^3 Erdgas, 2,5 Mill. t Gaskondensat und 700000 t Schwefel pro Jahr zu gewinnen. Der Orenburger Komplex wurde auf der Basis der gleichnamigen Gaskondensatlagerstätte geschaffen, die einer wallartigen Hebung mit einer Erstreckung von 102 km folgt. Produktiv sind auf dieser Lagerstätte klüftig-poröse Kalke und Dolomite (Unter- und Oberperm, Mittelkarbon), die in Teufen von 1300 bis 2200 m liegen. Die Erdgasvorräte der Lagerstätte betragen etwa 2 Bill. m^3 (ORJOL, SOLOWJOW u. a. 1976).

Turkmenien

Schnell entwickelte sich die Erdgasindustrie in Turkmenien (Mittelasien), wo im letzten Jahrfünft die Erdgasförderung um das Vierfache zunahm. In den wasserlosen Barchansanden wurde in kurzer Zeit ein großer Industriekomplex geschaffen, der täglich 160 Mill. m^3 Erdgas fördert. Hier wurden moderne Bohrfelder eingerichtet, Hunderte von Kilometern unterirdischer Transportarterien aus Rohren mit einem Durchmesser von 1420 und 1220 mm verlegt, die im wesentlichen für einen Druck von 75 at ausgelegt sind.

Die Hauptlagerstätten für die Entwicklung der Erdgasindustrie Turkmeniens waren Schatlyk, Atschak und Naip, in deren Profil die Schichten der Kreide und des Juras erdgasführend sind. Die Gaskondensatlagerstätte Schatlyk liegt im SE der Republik. Die Lagerstätte folgt einer Antiklinalfalte mit Abmessungen von $71 \times 26{,}5$ km bei einer Höhe von 232 m. Der produktive Horizont liegt in einer Teufe von 3200 m und besteht aus Sandsteinen mit einer Porosität von 15 bis 25% und einer Permeabilität von 210 md. Die Arbeitsförderraten der Bohrungen betragen 550000 bis 1 Mill. m^3/Tag. Die Anfangsvorräte betragen 912 Mrd. m^3.

Die Gaskondensatlagerstätte Atschak liegt im N der Turkmenischen SSR. Sie wird durch eine Antiklinalfalte mit Abmessungen von 25×8 km bei einer Höhe von 250 m kontrolliert. Die Lagerstätte besteht aus mehreren Schichten. Im Profil werden 15 produktive Schichten unterschieden, die über die Fläche der Lagerstätte gut aushalten und in Teufen von 1400 bis 2200 m liegen. Es handelt sich um unterkretazische Sandsteine mit Toneinschaltungen. Die erdgasführenden Horizonte des Oberen Juras bestehen aus vorwiegend karbonatischen Gesteinen. Die produktiven Horizonte haben eine offene Porosität von 9 bis 32% und eine Permeabilität von 50 bis 385 md. Die Arbeitsförderraten der Bohrungen betragen 180000 bis 850000 m^3 Erdgas/Tag bei Lagerstättendrücken von 5 bis 25 kg/cm^2. Die Anfangserdgasvorräte betragen 164 Mrd. m^3.

Die Gaskondensatlagerstätte Naip liegt 50 km südöstlich der Lagerstätte Atschak. Sie folgt einer Hebung mit Abmessungen von 10 bis 15 km bei einer Höhe von 55 m. Im Profil der mesozoischen Schichten werden 13 erdgasführende Horizonte unterschieden. Die produktiven Horizonte der Unterkreide bestehen aus Sandsteinen mit einer Porosität bis 20%, die des Oberen Juras aus pelitomorphen karbonatischen Gesteinen mit einer Porosität bis 17%. Die Lagerstätte hat Vorräte von 176 Mrd. m^3.

Im Europäischen Teil der UdSSR bleiben die großen Erdgasförderzentren bestehen — die Dnepr-Donez-Senke, das erdöl-erdgasführende Gebiet Timan-Petschora und das Zentrale Kaukasusvorland.

Ukraine

Die Ukraine ist bis zur heutigen Zeit der größte Erdgaslieferant. Seit fast 10 Jahren geht die Förderung hier nicht zurück und befindet sich in einer Höhe von 58 bis 60 Mrd. m^3 pro Jahr. Fast 80% dieser Förderung liefern die Lagerstätten der Dnepr-Donez-Senke; die größten Lagerstätten sind hier folgende: Schebelinka (Erdgasvorräte von 528 Mrd. m^3), Krestischtsche (300 Mrd. m^3), Jefremowskoje (120 Mrd. m^3), Glinskoje Rosbischtsche (58 Mrd. m^3) u. a. Eine Charakteristik dieser Lagerstätten wurde früher gegeben (ORJOL & SOLOWJOW 1977).

Timan-Petschora-Gebiet

Im erdöl-erdgasführenden Gebiet von Timan-Petschora, das im N des Europäischen Teils des Landes liegt, wurde eine Reihe neuer Gaskondensatlagerstätten entdeckt. Wegen der außergewöhnlich schwierigen geographischen Verhältnisse wurde nur eine, die größte Lagerstätte — Wuktyl — 1969 in Betrieb genommen, die auch das Wachstum der Erdgasförderung in diesem Gebiet gewährleistet hat.

Die Gaskondensatlagerstätte Wuktyl wird durch eine große asymmetrische Antiklinalfalte kontrolliert, die sich in N—S-Richtung erstreckt. Die Falte hat eine Länge von 85 km, eine Breite von 6 km bei einer Amplitude von 1500 m. Das Gaskondensatlager ist massigen Typs. Es folgt karbonatischen Ablagerungen des Unterperms, des Ober-, Mittel- und Unterkarbons. Der Gas-Wasser-Kontakt liegt in einer Teufe von 3316 m. Die Erdgasvorräte betragen 435 Mrd. m^3. In der Zusammensetzung des Gases sind bis 500 cm^3/m^3 Kondensat enthalten. Die Erdgasförderung aus der Lagerstätte wurde bis auf 18 Mrd. m^3/Jahr gebracht.

Nordkaukasus

Im Nordkaukasus gab es keine neuen großen Entdeckungen. Die bekannten zahlreichen Erdgaslagerstätten des Zentralen Kaukasusvorlands (Sewero-Stawropolskoje, Mirnenskoje u. a.) und des Westlichen Kaukasusvorlands (Leningradskoje, Maikopskoje) werden weiter bis zur Erschöpfung exploitiert, wobei die Gesamterdgasförderung auf einer Höhe von 20 Mrd. m^3/Jahr gehalten wird, was unter Berücksichtigung ihrer geographischen Lage außerordentlich wichtige Bedeutung für die Volkswirtschaft hat. So wurde in der Sowjetunion eine mächtige Vorratsbasis für die weitere Entwicklung der Erdgasindustrie und die erfolgreiche Erfüllung der Beschlüsse des XXV. Parteitags des KPdSU geschaffen — die Erdgasförderung 1980 auf eine Höhe von 400 bis 435 Mrd. m^3/Jahr zu bringen.

Wissenschaftlich-technische Zusammenarbeit bei der Erdgas-Erdölerkundung in der DDR

Getreu ihrer internationalen Pflicht leistet die Sowjetunion den sozialistischen Ländern bei der Erkundung ihrer Bodenschätze und Nutzung ihrer Mineralrohstofflagerstätten brüderliche Hilfe. In Kürze jährt sich zum zwanzigsten Mal das Bestehen der „Sowjetischen Gesellschaft für Freundschaft mit der DDR". Seit 18 Jahren gibt es die wissenschaftlich-technische Zusammenarbeit zwischen der UdSSR und der DDR auf dem Gebiet der Suche von Erdgas- und Erdöllagerstätten.

Um technische Unterstützung zu erweisen, entsendet die Sowjetunion in die DDR ständig erfahrene, hochqualifizierte Ingenieure und Wissenschaftler, Techniker und Arbeiter aus verschiedenen Berufen — Geologen, Geophysiker, Bohr- und Fördertechniker u. a. Die sowjetischen Spezialisten arbeiteten immer in engem sachlichen und freundschaftlichen Kontakt mit den Spezialisten der DDR. Sie übergeben ihnen ihre Erfahrungen und ihr Wissen und helfen, die Freundschaft und die gegenseitigen Beziehungen unserer Länder zu festigen.

Mit Hilfe der sowjetischen Wissenschaftler wurde eine detaillierte Untersuchung der auf dem Territorium der DDR ausgebildeten Sedimentgesteinskomplexe durchgeführt, wurden die Perspektiven ihrer Erdgas-Erdölführung eingeschätzt und die Richtungen der Such- und Erkundungsarbeiten festgelegt. Tiefbohrungen und geophysikalische Arbeiten wurden entsprechend den ausgearbeiteten Richtungen mit bedeutender Unterstützung und durch unmittelbare Beteiligung von sowjetischen Spezialisten realisiert.

Bekanntlich wurde im Verlauf der Zusammenarbeit auf dem Territorium der DDR eine Reihe von Erdöllagerstätten im Zechstein und von Erdgaslagerstätten im Rotliegenden entdeckt, die es gestatteten, einen neuen Volkswirtschaftszweig der Republik — die Erdgasindustrie — zu schaffen.

Die langjährige Zusammenarbeit von Spezialisten der UdSSR und der DDR, das Kennenlernen der Arbeitserfahrungen in verschiedenen Gebieten der Sowjetunion, die gemeinsame Bearbeitung der wichtigsten Probleme spielten eine positive Rolle bei der Qualifizierung der DDR-Spezialisten. Der heutige geologische Dienst der DDR ist fähig, komplizierte geologische Aufgaben zu lösen und optimale Lösungen zu finden. Die wissenschaftlich-technische Zusammenarbeit der Geologen und Erdgasförderspezialisten der UdSSR und der DDR wird auch heute erfolgreich fortgesetzt. Die sowjetischen Spezialisten helfen ihren Freunden aktiv, neue Erfolge bei der Lösung komplizierter Probleme des Aufsuchens und der Nutzung neuer Erdgaslagerstätten zu erreichen, erfolgreich die Aufgaben des IX. Parteitags der SED im Hinblick auf den Zuwachs der Vorräte und die Gewährleistung einer langzeitlichen Erdgasförderung in einer Höhe von 7,9 bis 8,2 Mrd. m^3/Jahr zu erfüllen.

Da vor den Geologen der DDR wichtige Probleme der weiteren Erhöhung der Effektivität der Such- und Erkundungsarbeiten stehen, werden im folgenden die Verteilungsgesetzmäßigkeiten der Erdgaslagerstätten in verschiedenen erdöl-erdgasführenden Becken der Welt und Fragen der Methodik ihrer Erkundung dargelegt.

Verteilungsgesetzmäßigkeiten von Erdgaslagerstätten

In den letzten 10 bis 15 Jahren wurde die Weltpraxis in der Erkundung durch die Entdeckung einer großen Zahl verschiedenartiger erdgasführender Gebiete und Erdgaslagerstätten bereichert. Die Fülle der hierbei erhaltenen Informationen und die Ergebnisse der Forschungsarbeiten erweiterten unsere Vorstellungen über die Maßstäbe der Erdgasbildung und die Verteilungsgesetzmäßigkeiten der Erdgasressourcen.

Die wichtigste Gesetzmäßigkeit, die in den letzten Jahren nachgewiesen wurde, ist die räumliche Isoliertheit der Erdgasakkumulationen und der Erdölakkumulationen voneinander. Es wurde festgestellt, daß die überwiegende Anzahl der erkundeten Erdgasvorräte (über 90%) in reinen Erdgaslagern oder Gaskondensatlagern (-lagerstätten) enthalten ist, die erdgasführende oder vorwiegend erdgasführende Gebiete oder Zonen bilden. Eine analoge Gesetzmäßigkeit ist auch für die Erdöllagerstätten festzustellen. Daher ist in der Verbreitung der Erdgaslager sowie auch der Erdöllager-Rohstoffen einer einheitlichen genetischen Reihe — eine regionale Trennung bzw. Zonalität zu beobachten. Es wurden zwei Typen der regionalen Zonalität festgestellt — die Zonalität der jungen Tafeln und die Zonalität der alten Becken mit vorwiegend paläozoischer Ausfüllung. Eine Besonderheit der regionalen Zonalität der jungen Tafeln ist die vorwiegende Erdgasführung der ererbten Scheitelhebungen und monoklinalen Abdachungen der Tafelteile und die Erdölführung der Senken, die sich an die Faltensysteme anschließen. Für tiefe Senken ist das Vorherrschen von Gaskondensatlagern charakteristisch.

Innerhalb alter Becken ist eine vorwiegende Erdölführung der randlichen leicht gehobenen Teile und eine Erdgasführung der Senken zu beobachten. Ein derartiger Unterschied ist dadurch bedingt, daß auf den alten Tafeln die obere Erdgaszone fehlt; das ist ein Ergebnis der für die Erhaltung des Erdgases ungünstigen Bedingungen in Bereichen, die im Verlauf langer geologischer Epochen keine Absenkung erfahren haben. Es wurde auch festgestellt, daß die erdgasführenden Zonen an kohleführende und sub-kohleführende kontinentale Schichten gebunden sind, ferner an Gebiete, in denen mächtige tonige oder salzführende Abschirmungen vorhanden sind.

Eine derartige Gebundenheit von Zonen vorwiegender Erdgasakkumulation an große tektonische Elemente oder Formationen findet in der Spezifik der Erdgasbildung bei der Umwandlung der organischen Substanz der Gesteine ihre befriedigende Erklärung. Heute ist durch allseitige geologische und geochemische Untersuchungen eine Reihe wichtiger Gesetzmäßigkeiten der Generierung von Kohlenwasserstoffgas ermittelt worden. Die grundlegenden theoretischen Thesen bezüglich der Generierung laufen auf folgendes hinaus:

1. Es wurde die Erscheinung einer gerichteten Veränderung der organischen Substanz der Gesteine bei der Diagenese und dann der Katagenese und einer damit verbundenen Veränderung der Maßstäbe der Generierung von Erdöl und Erdgas festgestellt, die als vertikale Zonalität der Erdöl-Erdgasbildung

bezeichnet wird. Nach vielen Anzeichen ist die Bildung flüssiger Erdölkohlenwasserstoffe in engen Grenzen des Stadiums der mittleren Katagenese beschränkt und erfolgt auf der Basis eines thermokatalytischen Umwandlungsprozesses der organischen Substanz. Die Erdgasbildung läuft in allen Stadien der Diagenese und Katagenese ab, d. h. in einem breiten Intervall der thermodynamischen Bedingungen.

2. Nach dem faziell-genetischen Typ der organischen Substanz (OS) werden „erdöl-erdgasproduzierende" und „erdgasproduzierende" Serien unterschieden. Es wird allgemein anerkannt, daß die OS des Sapropel-Typs sowohl Erdöl als auch Erdgas produziert, während die Humussubstanz bei der Inkohlung vorwiegend gasförmige Kohlenwasserstoffe erzeugt, bei denen Methan den Hauptplatz einnimmt. Folglich muß man die kohleführenden und die kontinental-subkohleführenden Formationen zu den erdgasproduzierenden Ablagerungen rechnen.

In vielen Fällen ist die genetische Zonalität der Erdöl- und der Erdgasbildung in der sichtbaren Verteilung der Erdgas- und der Erdöllager zu erkennen. Als Beispiel für die Gebundenheit von Erdgasakkumulationszonen an kohleführende und hydrodynamisch mit ihnen zusammenhängende Formationen kann auf die vorwiegende Erdgasführung der Apt-Alb-Cenoman-Ablagerungen Westsibiriens, auf die unter- bis mitteljurassischen Schichten der Amu-Darja-Senke, die permischen Schichten der Nordsee und die kohleführenden Gesteine des Pennsylvanian des Arcomabeckens (USA) hingewiesen werden.

Bei der Ausgliederung von Zonen der Erdgasakkumulation muß jener Umstand berücksichtigt werden, daß die ursprüngliche genetische Zonalität durch das Auftreten einer lateralen und vertikalen Migration entstellt worden sein kann. Man kann sagen, daß die Riesenerdgaslagerstätten des N durch vertikale Migration entstanden sind. Die Bildung dieser Giganten wurde bedingt durch die Konzentration des Erdgases unter einer Turonüberdeckung, während es von der ganzen mächtigen subkohleführenden Schichtfolge der Ustj-Tasow-Serie generiert wurde.

Der Einfluß der lateralen Migration ist in vielen erdöl-erdgasführenden Regionen zu fixieren. Er hängt häufig mit dem Effekt des differentiellen Auffangens der Kohlenwasserstoffe in der Kette der hintereinander liegenden Fallen oder mit der vorauseilenden Migration des Erdgases im Vergleich zum Erdöl zusammen. Diese Erscheinungen führen zur Bildung randlicher Zonen einer vorwiegenden oder ausschließlichen Erdgasführung. Ein besonders markantes Beispiel dafür ist die Bildung erdgasführender Zonen am Rand tiefer Senken (Amu-Darja-Senke, Kaspische Senke, Anadyr-Senke). Mit der lateralen Migration erklärt sich auch die teilweise Verdrängung des Erdöls durch Erdgas und die Bildung mächtiger Zonen der Erdölführung in den randlichen Teilen der Becken und in Gebieten, in denen die Absenkung zurückbleibt; diese liegen in den zentralen Teilen der erdöl-erdgasführenden Becken.

Die behandelten Gesetzmäßigkeiten der Erdgasgenerierung und die Verteilungsbesonderheiten der genetischen und regionalen Zonalität in der Verbreitung der Erdgas- und Erdöllager geben die Möglichkeit, im Bereich der erdöl-erdgasführenden Provinzen und höffigen Territorien Gebiete und Bezirke der Erdgasakkumulation als Grundlage für das zielgerichtete Aufsuchen von Erdgas- und Gaskondensatlagerstätten anzugeben.

Methodische Besonderheiten der Erkundung von Erdgaslagerstätten

Die stürmische Entwicklung der Erdgasindustrie in den letzten 30 Jahren zwang dazu, der wissenschaftlich begründeten Theorie der Erkundung und des Abbaus von Ergaslagerstätten unverwandte Beobachtungen zu schenken. Bei den Projektierungsarbeiten für den Abbau der größten Erdgaslagerstätten, wie Sewero-Stawropolskoje, Schebelinka, Gasli u. a. und auf Grund von Beobachtungen bei ihrer Exploitation stellen sich immer mehr die tiefen prinzipiellen Unterschiede in der Methodik der Erkundung und des Abbaus der Erdöl- und der Erdgaslagerstätten heraus, die durch den Unterschied der physikalischen Eigenschaften von Erdöl und Erdgas bedingt sind.

Die industrielle Erkundung der Erdgaslager und -lagerstätten erfolgt häufig noch nach den gleichen Methoden wie bei den Erdöllagerstätten. Diese Sachlage ist eine Folge davon, daß die ausgearbeiteten Methoden und die langjährigen Erfahrungen bei der industriellen Erkundung der Erdöllagerstätten mechanisch auch auf die industrielle Erdgaserkundung übertragen wurden. Indessen geben gewisse Eigenschaften des Erdgases und die Besonderheiten des Abbaus seiner Lager und Lagerstätten die Möglichkeit, Methoden der industriellen Erkundung anzuwenden, die sich von den Methoden der industriellen Erkundung der Erdöllager und -lagerstätten wesentlich unterscheiden.

Im Gegensatz zu Erdöl hat Erdgas eine praktisch geringfügige Viskosität, eine geringe Dichte und eine hohe Elastizität. Der große Dichteunterschied zwischen Erdgas und Wasser sowie zwischen Erdgas und Erdöl gestattet es, mit hinreichender Genauigkeit die Höhenlage des Gas-Wasser-Kontakts und des Gas-Öl-Kontakts nach den Werten der Drücke im Gaslager und des Drucks der Außenkonturwässer oder des Erdöls zu bestimmen.

Die hohe Elastizität des Erdgases gestattet es, seine Vorräte mit großer Genauigkeit nach der Methode des Druckabfalls bereits im Anfangsstadium des Abbaus zu berechnen, während für die Erdöllager die Methode der Materialbilanz auf große Schwierigkeiten stößt und nur im Prozeß einer langen Exploitation möglich ist.

Die genannten Unterschiede der Eigenschaften von Erdgas und Erdöl bestimmen die Spezifik der Erkundung und des Abbaus der Erdgaslagerstätten.

1. Bei der Exploitation der Erdgaslager wird gewöhnlich ein hoher Abgabekoeffizient ohne Fluten von außerhalb der Kontur erreicht; deshalb entfällt häufig die Notwendigkeit, den konturnahen Teil des Erdgaslagers eingehend zu erkunden.

2. Das Gas strömt zu den Exploitationsbohrungen aus den sehr entfernten Bereichen des Lagers mit relativ geringem Druckverlust, während man das Erdöl aus so entfernten Bereichen praktisch nicht entnehmen kann. Das erlaubt es, die Erdgasförderbohrungen unter den günstigsten Bedingungen anzusetzen, vorwiegend in den höchsten Teilen des Lagers. Im Zusammenhang damit entfällt die Notwendigkeit einer eingehenden flächenhaften Erkundung des Erdgaslagers.

3. Die Arbeitsförderraten der Erdgasbohrungen sind bei sonst gleichen Bedingungen unvergleichlich höher als die Förderraten der Erdölbohrungen. Man kann daher die Erdgaslager mit einer geringeren Zahl von Förderbohrungen abbauen.

4. Das Wasser außerhalb des Lagerstättenumrisses kommt gewöhnlich nicht zurecht, um den Druck des Erdgases bei seiner Entnahme aus dem Lager wiederherzustellen, wobei im ersten Stadium des Abbaus des Lagers die Bewegung des Wassers in das Lager praktisch ganz gering ist. Das gestattet es in einer Reihe von Fällen, nach den Ergebnissen einer relativ kurzzeitigen Versuchsförderung die Erdgasvorräte nach der Methode des Druckabfalls zuverlässig einzuschätzen.

Alle diese Erwägungen geben die Möglichkeit, mit den ersten Erkundungsbohrungen in weitem Maße intensive industrielle Förderversuche zu betreiben.

Die Methodik der rationellen Erkundung der Erdgaslagerstätten sieht vor, daß an die Erkundung der Lagerstätten und Lager sogar ein und desselben Typs individuell herangegangen wird. Daher muß auch der Erkundungsgrad verschiedener Lagerstätten unterschiedlich sein.

Einschichtige Lagerstätten

Wenn z. B. die erdgasführende Schicht geringmächtig ist und hinreichend steil einfällt, müssen, da der auf dem Wasser schwimmende Teil des Lagers schmal ist, die Förderbohrungen gleichmäßig verteilt werden, in der Hauptsache auf dem trockenen Teil des Lagers. Diesen Teil muß man auch mit Erkundungsbohrungen untersuchen und sie so verteilen, daß sie dann leicht als Förderbohrungen verwendet werden können. Den auf dem Wasser schwimmenden Teil des Lagers, an den in diesem Fall relativ geringe Erdgasvorräte gebunden sind, braucht man nicht zu erkunden.
Bei flacher Lagerung der geringmächtigen Schicht wird der auf dem Wasser schwimmende Teil breiter sein, jedoch auch in diesem Fall tritt selten die Notwendigkeit auf, Förderbohrungen in diesem Teil des Lagers anzusetzen, und in Zusammenhang damit braucht man es nicht eingehend zu erkunden.
Bei einer Schicht großer Mächtigkeit kann der auf dem Wasser schwimmende Teil auf den flachen Flanken eine Breite von mehreren Kilometern haben. In einem solchen Fall muß man diesen Teil des Lagers erkunden, aber auch hauptsächlich in der Zone, die sich an den trockenen Teil anschließt, wo die Förderbohrungen liegen werden. Im konturnahen Teil ist auch in diesem Fall keine eingehende Erkundung notwendig.

Diese Typen einschichtiger Lagerstätten kommen in der Natur verhältnismäßig selten vor. Die überwiegende Zahl der bekannten Lagerstätten (über 90%) sind mehrschichtig, mit massigen und schichtigen Lagern. Diese Lagerstätten haben ihre geologischen Besonderheiten, die bei Erkundung und Abbau berücksichtigt werden müssen.

Große mehrschichtige Lagerstätten mit massigen Lagern

Erdgaslagerstätten mit massigen Lagern sind in verschiedenen erdöl-erdgasführenden Gebieten des Landes weit verbreitet. Mit diesem Typ von Lagern hängen die meisten bekannten großen und mittelgroßen Lagerstätten zusammen (Wuktyl, Orenburg, Schebelinka, Krestischtsche, Medweshje, Sapoljarnoje u. a.).
Bekanntlich muß der Abbau großer Erdgaslagerstätten, auf deren Vorratsbasis Hauptgasleitungen projektiert und gebaut werden, für eine sehr lange Frist geplant werden. Das bedingt ein entsprechend niedriges Tempo der Erdgasentnahme. Die Förderbohrungen werden in der Regel nach einem durchgängigen Netz unter Berücksichtigung der spezifischen Erdgasvorräte für jede Bohrung und der zu erwartenden Arbeitsförderrate angesetzt.
Lagerstätten mit massigen Erdgaslagern sind gewöhnlich durch folgendes gekennzeichnet: bedeutende Fläche, große Mächtigkeit des produktiven Profils und des Erdgasführungsstockwerks, hohe spezifische Vorräte pro Flächeneinheit und zusammenhängende Spiegel des unterlagernden Wassers. Ihre Erkundung erfolgt über die gesamte Fläche, und die meisten Erkundungsbohrungen liegen in der Kontur der Erdgasführung. Alle technisch intakten Erkundungsbohrungen können hier mit Erfolg für den Abbau verwendet werden.
Man muß jedoch beachten, daß die Erkundungsbohrungen viel teurer werden als die Exploitationsbohrungen. Die Lage der Erkundungsbohrungen auf einer Struktur ist vom Gesichtspunkt des weiteren Abbaus nicht immer optimal. Für die Einschätzung wird eine nacheinander erfolgende getrennte Testung einer Reihe von Objekten vorgenommen. Im Ergebnis dessen wird ein Teil der produktiven Schichten mit Zementbrücken überdeckt. Alles das verringert die Vollwertigkeit der Erkundungsbohrungen bei ihrer weiteren Nutzung als Exploitationsbohrungen.

So gingen auf der Lagerstätte Jefremowskoje die maximalen Förderraten der Erkundungsbohrungen nicht über 400000 m^3/Tag hinaus, während die Arbeitsförderraten der unter analogen geologischen Verhältnissen niedergebrachten vorauslaufenden Exploitationsbohrungen 2000000 m^3/Tag erreichten. Analoge Beziehungen wurden auch auf den Lagerstätten Schebelinka, Wuktyl, Orenburg u. a. festgestellt.

Die beim Testen der Erkundungsbohrungen zu erhaltenden Angaben, die die Produktivität der erdgasführenden Horizonte charakterisieren, haben daher eine geringe Zuverlässigkeit. Das Bestreben, die bohrfeldgeologische Charakteristik der Lager durch Niederbringen einer großen Anzahl von Erkundungsbohrungen detailliert zu untersuchen und die Erdgasvorräte nach der Volumenmethode mit hoher Genauigkeit zu bestimmen, ist ungerechtfertigt, da das bei weitem nicht immer zu den gewünschten Resultaten führt.

Ein Beispiel dafür ist die Lagerstätte Schebelinka. Die erste Vorratsberechnung nach der Volumenmethode wurde hier im Jahre 1959 angefertigt. Es waren 98 Erkundungsbohrungen und Exploitationsbohrungen niedergebracht worden. Die Erdgasvorräte wurden von der Staatlichen Vorratskommission in einer Höhe von 389 Mrd. m^3 bestätigt. Beim Abbau der Lagerstätte erwies sich dann später das Tempo des Rückgangs des Lagerstättendrucks als viel geringer als das nach dem Projekt berechnete, und die Vorräte waren höher (526 Mrd. m^3) als die nach der Volumenmethode bestimmten.

Bekanntlich hängt die Genauigkeit der Parameter der Speichergesteine in erheblichem Grad von der Menge und Güte des Gesteinsmaterials ab. Je größer der Kern aus den Bohrungen ist, in denen letzteres entnommen und untersucht wurde, desto höher ist die Genauigkeit der Durchschnittswerte der Parameter der Speichergesteine. Es existiert jedoch eine Grenze, jenseits derer die Entnahme des Kerns und die Ergebnisse seiner Untersuchung die Mittelwerte der Parameter der produktiven Gesteine nicht mehr wesentlich verändern können.

Berechnungen für die Lagerstätte Schebelinka zeigten, daß man für die Bestimmung der mittleren Porosität mit einer Genauigkeit von $\pm 1\%$ 50 Erkundungsbohrungen brauchte. Folglich war es möglich, die Anzahl der Erkundungsbohrungen auf die Hälfte zu senken. Das hätte es gestattet, die Kapitalinvestitionen für die Erkundung der Lagerstätte erheblich zu verringern.

Die Erfahrungen bei der Erkundung und dem Abbau der Lagerstätten Schebelinka, Wuktyl, Jefremowskoje u. a. haben erwiesen, daß man für die zuverlässige Untersuchung der bohrfeldgeologischen Charakteristik der Lager und die Einschätzung der Erdgasvorräte von Lagerstätten dieses Typs sogleich nach ihrer Entdeckung die Aufgaben der Erkundung mit der nachfolgenden Exploitation vereinigen und Methoden der Analogie in weitem Maß verwenden muß. Das wird es gestatten, die Anzahl der Erkundungsbohrungen bedeutend zu reduzieren, ebenso den zeitlichen Bruch zwischen der Entdeckung einer Lagerstätte und dem Beginn ihres Abbaus.

Kleine mehrschichtige Lagerstätten

Die mehrschichtigen Lagerstätten bilden die zahlreichste Gruppe. Die überwiegende Mehrzahl von ihnen ist gewöhnlich klein (mit Vorräten bis 5 Mrd. m^3) und weist eine geringe Fläche auf. Die rationelle industrielle Erkundung der kleinen mehrschichtigen Lagerstätten ist außerordentlich wichtig, da sie über 70% aller bekannten und zu entdeckenden Lagerstätten ausmachen und die größten Kapitalaufwendungen gerade für ihre Erkundung getätigt werden.

Der Abbau der kleinen Lager erfolgt durch Bohrungen in den höchsten Teilen der Falle. Im Prinzip kann jedes kleine Lager in gut aushaltenden Schichten durch 1 bis 2 Bohrungen abgebaut werden. Wenn im Profil jedoch mehrere produktive Horizonte vorhanden sind, könnte sich die Gesamtdauer des Abbaus der Lagerstätte hierbei über Dutzende von Jahren hinziehen. Zur Erkundung des Abbautempos teilt man auf solchen Lagerstätten das produktive Profil gewöhnlich in mehrere Förderetagen auf.

Die Erkundung kleiner mehrschichtiger Erdgaslagerstätten wird häufig nach dem Typ der Erdgaslagerstätten durchgeführt. Die Vorbereitung der Strukturen zur Erkundung erfolgt in der Regel durch seismische Untersuchungen und Struktursuchbohrungen. Hier wird ebenso wie auf den großen Lagerstätten das vermutete Profil der Schichten gewöhnlich in Erkundungsstockwerke aufgeteilt. Als Begründung für die Ausscheidung von Stockwerken können dienen: das große Intervall, auf manchen Feldern bis 1500 m der Verbreitung der erdgasführenden Horizonte im Profil; die Schwierigkeit, die Bohrungen niederzubringen, ohne daß eine Reihe perspektivischer Objekte mit einer zusätzlichen Zwischenrohrtour überzogen wird; die Unmöglichkeit, ohne dies eine zuverlässige Isolierung der produktiven Horizonte gewährleisten und ihre normale Testung durchführen zu können. Einen bestimmten Einfluß hat auch das Bestreben, schneller zu erkunden und einzelne erdgasführende Horizonte zum Abbau zu übergeben.

Jedes Stockwerk wird durch ein selbständiges Bohrnetz erkundet. Die Erkundung erfolgt nach dem Profilsystem. Die Bohrungen werden auf Linien angesetzt, die senkrecht zum Streichen der Falte verlaufen. Hierbei werden gewöhnlich 12 bis 20 Such-Erkundungsbohrungen niedergebracht.

Eine solche Verteilung der Erkundungsbohrungen gestattet es natürlich, die Grundzüge des geologischen Baus des Feldes recht zuverlässig zu untersuchen, ferner die Geometrie der Lager, die Anwesenheit von Erdölsäumen und die Veränderung der physikalisch-lithologischen Eigenschaften der produktiven Horizonte in der Fläche. Hierbei wird jedoch eine Übererkundung der Lager zugelassen, und eine bedeutende Anzahl der Bohrungen liegt außerhalb der Kontur. In ihrer Nähe kann sie für die Exploitation nicht genutzt werden.

Ernsthafte Mängel weist auch die in Anwendung befindliche Methodik des Testens der Bohrungen auf. Gewöhnlich werden in allen Erkundungsbohrungen alle erdgasführenden Horizonte nacheinander getestet. Das führt dazu, daß in den meisten Bohrungen das Testen in der obersten erdgasführenden Schicht eingestellt wird, die nicht selten ein der Bedeutung der Vorräte nach zweitrangiges Lager enthält oder durch eine geringe Produktivität gekennzeichnet ist.

Ausgehend von den genannten Besonderheiten des Abbaus muß auch die Erkundung kleiner mehrschichtiger Lagerstätten durchgeführt werden. Es besteht keinerlei Notwendigkeit, die konturnahen Teile der Lager sorgfältig zu untersuchen. Bei der Detaillierung des geologischen Baus kleiner Lagerstätten besteht immer die Gefahr ihrer Übererkundung, die sich darin äußert, daß Erkundungsbohrungen in den im wesentlichen unproduktiven Teilen niedergebracht werden, welche die Größe der Vorräte der Lagerstätte bereits nicht mehr beeinflussen.

Die Erkundung des oberen Stockwerks kann auf den meisten Hochlagen, die kaum oder gar keine Brüche aufweisen, im Prinzip mit ein bis zwei Querprofilen zu je 2 bis 3 Bohrungen realisiert werden, unter der Bedingung, daß sie mit der industriellen Versuchsförderung der nachgewiesenen Erdgaslager vereinigt werden. Im Profil muß die erste Erkundungsbohrung im höchsten Teil der Falte angesetzt werden. Die zweite und erforderlichenfalls die dritte auf den Flanken, im halben Abstand vom Scheitel bis zur vermutlichen äußeren Kontur der Lager oder der schließenden Isohypse (im auf dem Wasser schwimmenden Teil der meisten Horizonte). Hierbei muß der Ansatz der zweiten Bohrung unter Berücksichtigung der hydrogeologischen Besonderheiten der Region nach der Seite in der die Abnahme des Drucks der Wässer des produktiven Horizonts vermutet wird, erfolgen.

Im weiteren muß man bei der Erkundung der Ablagerungen des unteren Stockwerks die ersten Profile der Bohrungen längs der Faltenachse senkrecht zu den abgebohrten Bohrprofilen ansetzen. Die Anzahl der Bohrungen und der Abstand zwischen ihnen müssen unter Berücksichtigung der geologischen Besonderheiten des Baus des Feldes und der Abmessungen der Fallen, die durch seismische Untersuchungen und das Abbohren der ersten Reihe der Bohrungen ermittelt wurden, bestimmt werden.

Durch das Niederbringen dieser Bohrungen wird die Erdgas-Erdölführung des unteren Stockwerks geklärt, außerdem erhält man zusätzliches bohrfeldgeophysikalisches und Kernmaterial, das die Erdgas-Erdölführung und die physikalischen Eigenschaften der produktiven Horizonte des oberen Stockwerks charakterisiert.

Danach kann man für die meisten Lagerstätten im Prinzip die Arbeiten zur Erkundung der festgestellten Lager einstellen. Die Nacherkundung kann durch Bohrungen und Versuchsexploitation der vorauslaufenden Förderbohrungen erfolgen.

Bei der Anwendung der dargelegten Methodik ist es nicht ausgeschlossen, daß die Notwendigkeit auftritt, zusätzlich einzelne Erkundungsbohrungen niederzubringen, um spezielle Aufgaben der Nacherkundung der Lager zu lösen, besonders auf stark gestreckten brachyantiklinalen Falten. Für geologisch kompliziert gebaute Erdgaslagerstätten, die innerhalb der Fläche der Erdgasführung durch Brüche mit hoher Sprunghöhe in einzelne Blöcke zerschlagen wurden, kann die Methodik natürlich nicht angewandt werden.

Weitere methodische Erkundungsaspekte

Bei der Erkundung aller Typen von Erdgaslagerstätten muß man in großem Umfang rechnerische Methoden zur Bestimmung der Rate der Gas-Wasser-Kontakte unter Berücksichtigung der festgestellten regionalen Verteilungsgesetzmäßigkeiten der Lagerstättendrücke einsetzen. Die Anwendung dieser Methoden ist besonders dann notwendig, wenn Bohrungen fehlen, die die Gas-Wasser-Kontakte aufgeschlossen haben. Sie ist durchaus gerechtfertigt in der Praxis der Erkundung und der Projektierung industrieller Förderversuche auf neuen Lagerstätten.

Wenn im Profil der Lagerstätte industrielle Erdöllager vorhanden sind, die unter den oder inmitten der erdgasführenden Horizonte liegen, so muß das in bestimmter Weise die Methodik der Erkundung der Erdgaslager beeinflussen. Da für die Erkundung der Erdölschichten hier eine große Anzahl von Bohrungen niedergebracht wird, müssen von diesen die Erdgaslager beiläufig miterkundet werden. Das Niederbringen von Bohrungen speziell für die Erkundung erdgasführender Horizonte muß hier auf ein Minimum reduziert oder völlig ausgeschlossen werden.

Im Prozeß der Erkundung von Erdgaslagerstätten muß

man bestrebt sein, alle notwendigen Angaben für die Anfertigung eines begründeten Abbauprojekts zu erhalten, wie Typ und Abmessungen des Lagers, die lithologisch-physikalischen Eigenschaften der Speichergesteine und die Charakteristik ihrer Veränderung in der Fläche, die Lage der Gas-Wasser-Kontakte in Lagern, die Schichtdrücke und Temperaturen, die Produktivität der Bohrungen, den Kondensatgehalt im Erdgas, die Vorräte an Erdgas und Kondensat u. a. Die modernen Grundsätze des Lagerstättenabbaus müssen jedoch maximal angewandt werden. Dafür ist es notwendig, alle Fragen, die während der Versuchsförderung oder während der normalen Förderung untersucht werden können, auf dieses Stadium der Arbeit zu übertragen, um die Erkundung nicht zu verteuern und in die Länge zu ziehen.

Die Arbeiten zur Erkundung und dem weiteren Abbau der Lagerstätte müssen zu einem einheitlichen Komplex verschmelzen und Glieder eines Prozesses darstellen — des Nachweises und der Nutzung der Lagerstätte, die in bestimmten Etappen einander ergänzen. Es ist zu beachten, daß eine hohe Effektivität der Erdgaslagerstättenerkundung bei der Anwendung der dargelegten geologischen Verfahren nur unter der Bedingung gewährleistet werden kann, daß

a) die moderne Technik beim Niederbringen und der Bemusterung der Bohrungen am vollkommensten und rationellsten genutzt wird,

b) die Erkundungsarbeiten rationell und mit hoher Qualität durchgeführt werden,

c) die Erdgasbohrungen vollwertig untersucht werden, insbesondere unter Anwendung gasdynamischer Methoden zur Bestimmung der Exploitations- und Speichereigenschaften der produktiven Horizonte,

d) eine sorgfältige ökonomische Analyse der Erkundung vorgenommen wird.

Zusammenfassung

Die stürmische Entwicklung der sowjetischen Erdgasindustrie wird am Beispiel wichtiger erdgasführender Provinzen charakterisiert. Anknüpfend an neue Erkenntnisse über Gesetzmäßigkeiten der Bildung und Verteilung von Erdgas- und Erdöllagern werden die besonderen Erfordernisse und Methoden einer spezifischen Erkundung sowie des Abbaus von Erdgaslagerstätten verschiedenen Typs behandelt. Weiterhin wird auf die Unterstützung, die seitens der UdSSR der DDR auf diesem Gebiet gewährt wird, eingegangen.

Резюме

Бурное развитие советской газовой промышленности характеризуется на примере важных газоносных провинций. В связи с новыми познанияни о закономерностях образования и размещения нефтяных и газовых залежей, обсуждаются особенные требования и методы специальной разведки как и разработки газовых месторождений различного типа. В дальнейшем останавливается на поддержке, оказанной ГДР со стороны СССР на этой области.

Summary

The stormy development of the Soviet gas industry is illustrated by important gas-bearing provinces. The particular requirements and methods of a specific prospection, as well as of the exploitation of various types of gas deposits, are discussed on the basis of new knowledge of the regularities of formation and distribution of gas and oil-bearing beds. Information is also given of the aid provided by the U.S.S.R. to the G.D.R. in this field.

Literatur

ORJOL, W. E.: Die Erkundung der Erdgaslagerstätten (russ.). — Verlag Nedra 200 S., Moskau 1975.

ORJOL, W. E.; SOLOWJOW, B. A.; KAIDALOW, W. J.: Die Geologie der Gaskondensatlagerstätte Orenburg, der größten in Europa. — Z. angew. Geol., 22, 8, 346—351, Berlin 1976.

ORJOL, W. E.; SOLOWJOW, B. A.: Die Gasführung der Analoga des Rotliegenden in der Dnepr-Donez-Senke. — Z. angew. Geol., 23, 1, 1—9, Berlin 1977.

SHABREW, I. P.; JERMAKOW, W. I.; ORJOL, W. E.; SOKOLOW, W. L.; TSCHAJKOWSKAJA, E. W.: Die Gesetzmäßigkeiten der Bildung und Verteilung der Zonen vorwiegender Erdgasakkumulation (russ.). — Geol. i raswedka gasowych i gaskondensatnych mestoroshdenii, 8, 3—9, Moskau 1974.

WASSILJEW, W. G.; SHABREW, I. P.; LWOW, M. S.; MIRONTSCHEW, J. u. P.; ORJOL, W. E.; STAROSELSKI, W. I.; STUPANOW, W. P.: Gas- und Gaskondensatlagerstätten (russ.). — Verlag Nedra, 527 S., Moskau 1975.

Einige Kriterien der geochemischen Charakteristik und der katagenetischen Umwandlungen der Erdöle anhand der Zusammensetzung der spezifischen Reliktkohlenwasserstoffe

MAKSIMOW, S. P.; SAFONOWA, G. I., UdSSR

Die Erdöle, die ein kompliziertes Gemisch verschiedener Kohlenwasserstoff- und Nichtkohlenwasserstoffverbindungen darstellen, entstehen durch Umwandlung des organischen Ausgangsmaterials unter dem Einfluß geologisch-geochemischer Faktoren. Die Zusammensetzung der Komponenten der Erdöle muß den Verlauf ihrer geologischen Geschichte widerspiegeln. Die reliktischen Kohlenwasserstoffe, Chemofossilien, ererbt von den biologischen Vorgängern, sind sogenannte „biologische Markierer" der Erdöle. Zur Untersuchung dieser Kohlenwasserstoffe in den Erdölen verschiedener Regionen der UdSSR wurden Zusammensetzung und Verteilung der langkettigen n-Paraffine, der symmetrisch gebauten isomeren Paraffine, der Isoprenoide und der polyzyklischen Naphthene studiert. Die biologische Entstehung dieser Kohlenwasserstoffe steht außer Zweifel (BOGOMOLOW u. a. 1960; BRAY & EVANS 1961; PETROW 1967; WASSOJEWITSCH 1967; DINNE, BENDORAITIS, BROWN 1962 u. a.). Hauptquelle für die Bildung der n-Paraffine sind die Fette und Fettsäuren. Als wahrscheinlichster Vorgänger der Isoprenoid-Kohlenwasserstoffe gilt der Diterpenalkohol Phytol ($C_{20}H_{39}OH$), der bei der Zersetzung des Chlorophylls und dem Abreißen einer seitlichen Phytylkette entsteht (PETROW u. a. 1970). Durch die Untersuchungen von ANDERS & ROBINSON (1971) wurden in Schiefern tetrazyklische Zykloparaffine (C_{27}, C_{28}, C_{29})-Sterane, Derivate pflanzlicher und möglicherweise tierischer Steroide,

Eingang des Manuskripts in der Redaktion: 23. 3. 1977.
Übersetzung: W. OESTREICH, Berlin

ferner Abkömmlinge pentazyklischer Triterpenoide und pflanzlicher Karotinoide (pentazyklische Zykloparaffine) gefunden.

Wir führten die Untersuchungen nach folgendem Schema durch:

1. Trennung des Erdöls in zwei Fraktionen (Benzinfraktion bis 200 °C/entbenzinierter Teil — über 200 °C);
2. Chromatographische Trennung des entbenzinierten Teils in Komponentengruppen;
3. Untersuchung der Zusammensetzung der Isoprenoid-Kohlenwasserstoffe der Paraffin-Naphthen-Fraktion des entbenzinierten Teils des Erdöls nach der Methode der Gas-Flüssigkeit-Chromatographie;
4. Abtrennung der n-Paraffinkohlenwasserstoffe aus dieser Fraktion durch Komplexbildung mit Harnstoff;
5. Studium der Zusammensetzung der hochmolekularen n-Paraffine der Kohlenwasserstoffe der Erdöle nach der Methode der Gas-Flüssigkeit-Chromatographie;
6. Massenspektroskopische Untersuchung der Zusammensetzung des Isoparaffin-Naphthen-Teils.

Die Enddaten sind sowohl für die einzelnen Proben als auch als prinzipiell mögliche und wahrscheinlichste Werte der analytischen Größen (nach der Serie der Proben) dargestellt.

Für die zusätzliche Analyse der faziellen Situation wurden die Werte der Marinitätskoeffizienten (k_m) nach SALMANOW (1974) verwendet. Diese Berechnungen geben die Möglichkeit, die Charakteristik des geochemischen Milieus der Erdöl-Erdgas-Bildung bis zu einem gewissen Grad zu präzisieren.

Für genetisch mit kontinentalen Ablagerungen zusammenhängende Erdöle ist $k_m = \frac{S}{\text{asph}} < 0{,}12 + \frac{0{,}30}{\text{asph}}$. Für genetisch mit küstennah-marinen Schichtfolgen zusammenhängende Erdöle ist $0{,}12 + \frac{0{,}30}{\text{asph}} < k_m < 0{,}12 + \frac{0{,}90}{\text{asph}}$.

Für Erdöle mariner Genese ist $k_m > 0{,}12 + \frac{0{,}90}{\text{asph}}$.

Die Veränderungen des Gehalts und der Zusammensetzung der hochmolekularen n-Paraffinkohlenwasserstoffe der Erdöle zeigten, daß es im Bereich der einzelnen Regionen charakteristische Werte ihres Gehalts in den Erdölen unterschiedlicher stratigraphischer Komplexe gibt.

Für die mesozoischen Schichten des Kaukasusvorlands ist die Verteilung der n-Paraffine nach den stratigraphischen Untergliederungen in Tab. 1 dargestellt.

Tab. 1. Die Verteilung der hochmolekularen n-Paraffine in den Erdölen des Kaukasusvorlands

Stratigraphische Untergliederung	Grenzgehalt der n-Paraffine in %		T °C der Schicht
	für die Paraffin-Fraktion der KW	für das Erdöl	
Sarmatstufe	0,24—1,7	0,2—0,64	40—60
Tschokrakhorizont	1,8—17,6	0,7—8,5	40—65
Kumfolge (Unterkreide)	8,2—18,0	2,6—9,11	40—100
Mittlerer Jura bis Untere Trias	34,7—49,8	17,0—27,9	90—130
Mittlere Trias	15,5—19,4	12,5—13,3	150—170

Für die paläozoischen Schichten der Wolga-Ural-Provinz im Mittleren und Unteren Wolgagebiet bringt Tab. 2 die Verteilung der n-Paraffine.

Tab. 2. Die Verteilung der hochmolekularen n-Paraffine in den Erdölen der Wolga-Ural-Provinz

Stratigraphische Untergliederung	Grenzgehalt der n-Paraffine in %		T °C der Schicht
	für die Paraffin-Fraktion der KW	für Erdöl	
Unterfrasnien-Unterstufe	9—15	4—10,2	53—78
Givetstufe	22—25	12—16,2	64—89
Eifelstufe	20	8,5—13,5	120

Abb. 1 bringt die wahrscheinlichsten Mittelwerte des Gesamtgehalts der hochmolekularen n-Paraffine in den Erdölen für die stratigraphischen Profile verschiedener Regionen. Man kann erkennen, wie stark sich die Mittelwerte für die Erdöle der „Niedertemperatur"- und der „Hochtemperatur"-Gebiete und -Schichten unterscheiden. Das hängt wahrscheinlich damit zusammen, in welchem Maße sich die Temperaturverhältnisse für die Akkumulation der Kohlenwasserstoffe im Speicher günstig auswirkten. Für die mesozoischen Schichten beträgt bei Schichttemperaturen nicht über 80 °C der Gehalt der n-Paraffine (C_{12} bis C_{32}) in den Erdölen 2 bis 5%, für Gebiete mit Schichttemperaturen von +70 bis +100 °C etwa 12 bis 15% und für „Hochtemperaturschichten" (Schichttemperaturen von +130 bis +150 °C) erreicht ihr Gehalt 22 bis 30% für das Erdöl. Jedoch ist bei weiterer Erhöhung des Temperaturfaktors im mesozoischen Komplex (Schichttemperaturen von +150 bis +170 °C) eine quantitative Abnahme des Gehalts der n-Paraffine in den Erdölen möglich (vgl. die Mittlere Trias); das ist offensichtlich durch die Zerstörung der langkettigen Strukturen bei den erhöhten Temperaturverhältnissen der Katagenese bedingt.

Den Gesamtgehalt der n-Paraffine in den Erdölen beeinflussen neben dem Temperaturfaktor auch die Zusammensetzung des organischen Ausgangsmaterials und die Migrationsprozesse. Deshalb können die Erdöle verschiedener geologischer Regionen unter gleichtypigen Temperaturbedingungen eine unterschiedliche Menge von n-Paraffinen (C_{12} bis C_{32}) enthalten (vgl. den Mittleren Jura). Der geologische Zeitfaktor spiegelt sich ebenfalls im Gehalt der n Paraffine wider. Die Erdöle der neogenen und paläogenen Schichten enthalten die geringste Menge hochmolekularer n-Paraffine. Das ist sowohl auf die niedrigen Temperaturverhältnisse als auch auf den niedrigen Grad der Umwandlung der organischen Substanz (möglicherweise auch infolge des Einflusses von Faktoren der Hypergenese) zurückzuführen. Die alten Erdöle — des Paläozoikums und des Proterozoikums — enthalten keine erhebliche Menge hochmolekularer n-Paraffine; offensichtlich sind die Moleküle im Verlauf der langen Zeit zerfallen.

Am Beispiel des Vergleichs gleichaltriger Erdöle kann man jedoch erkennen, daß der Temperaturfaktor den wirkungsvollsten Einfluß auf den quantitativen Gehalt der n-Paraffine in den Erdölen ausübt.

Unter Berücksichtigung des Obengenannten muß man bedenken, daß man bei der Bestimmung der potentiellen quantitativen Möglichkeiten der Emigration der Kohlenwasserstoffe in die Speicher hinein die Emigrationsbedingungen im Auge haben muß, da der Temperaturfaktor zu entsprechenden Korrekturen führen kann. Gemeinsam mit den quantitativen Veränderungen in der Zusammensetzung der n-Paraffine muß man auch ihre qualitative

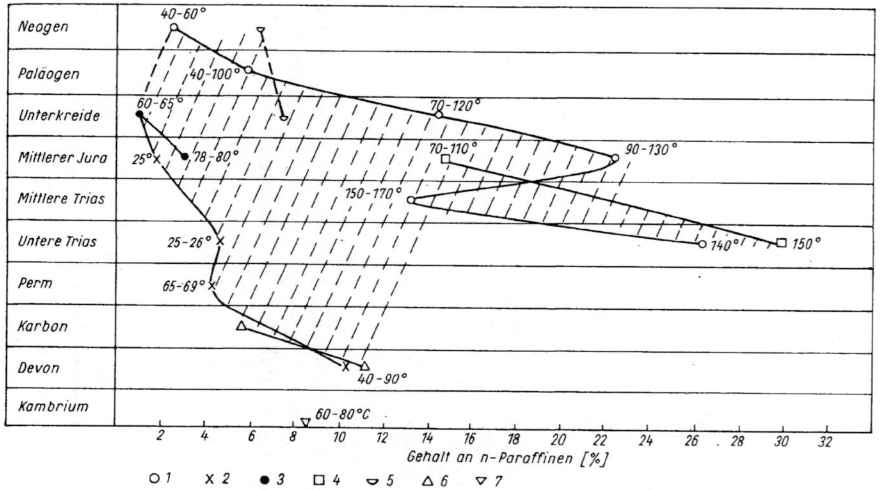

Abb. 1. Gehalt der n-Paraffine (C_{12}—C_{32}) in den Erdölen verschiedener Regionen unter Berücksichtigung der Schichttemperatur T°_{sch}C

1 — Kaukasusvorland, 2 — Kaspigebiet, 3 — Westsibirien, 4 — Mangyschlak, 5 — Daghestan, 6 — Wolga-Ural, 7 — Baltikum

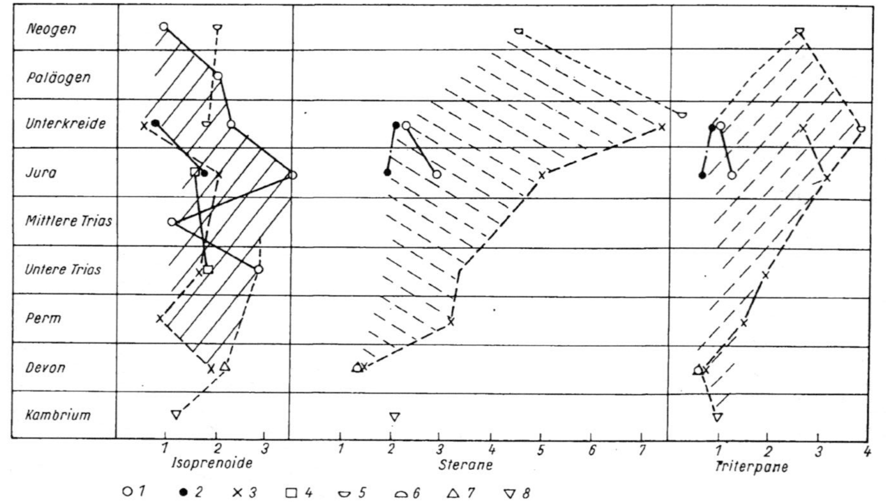

Abb. 2. Gehalt der Isoprenoidkohlenwasserstoffe, Sterane und Triterpane in den Erdölen verschiedener stratigraphischer Komplexe und Regionen

1 — Kaukasusvorland, 2 — Westsibirien, 3 — Kaspigebiet, 4 — Mangyschlak, 5 — Daghestan, 6 — Sachalin, 7 — Wolga-Ural-Gebiet, 8 — Baltikum

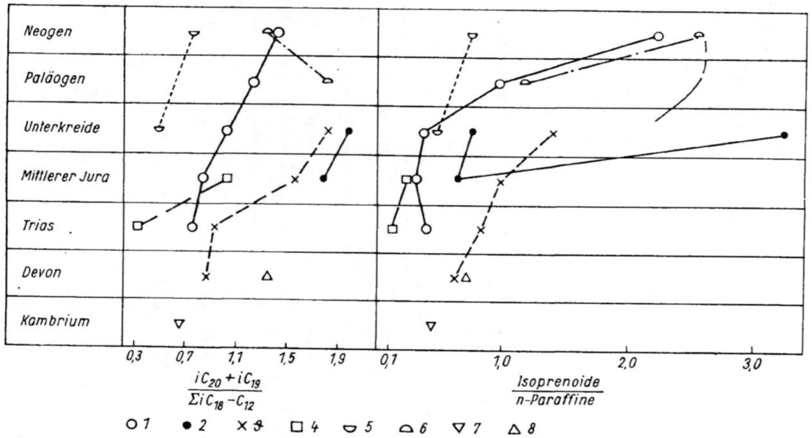

Abb. 3. Charakteristik der individuellen Zusammensetzung der Isoprenoid-Kohlenwasserstoffe der Erdöle und ihre Wechselverhältnisse mit den n-Paraffinen verschiedener stratigraphischer Komplexe und Regionen (nach gemittelten Daten)

1 — Kaukasusvorland, 2 — Westsibirien, 3 — Kaspisenke, 4 — Mangyschlak, 5 — Daghestan, 6 — Sachalin, 7 — Wolga-Ural-Gebiet, 8 — Baltikum

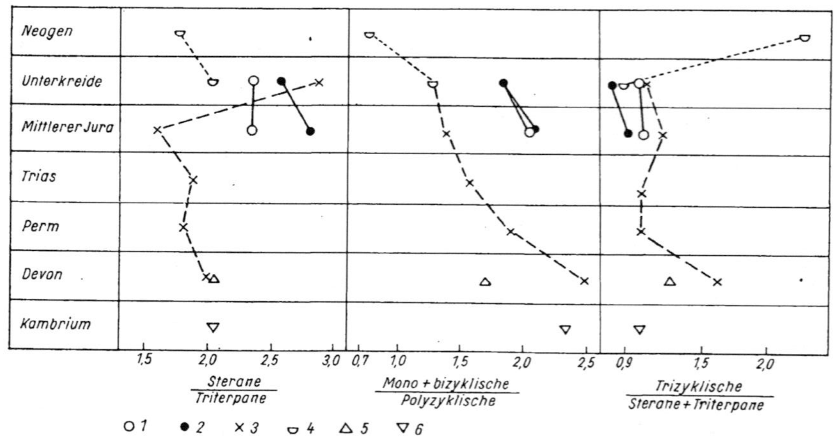

Abb. 4. Charakteristik der Zusammensetzung der Naphthen-Kohlenwasserstoffe der Erdöle verschiedener stratigraphischer Komplexe und Regionen (nach Angaben der Massenspektrometrie)

1 — Kaukasusvorland, 2 — Westsibirien, 3 — Kaspisenke, 4 — Daghestan, 5 — Wolga-Ural-Gebiet, 6 — Baltikum

Tab. 3. Der Wert des genetischen Kriteriums $\frac{\text{Pristan}}{\text{Phytan}}\left(\frac{i\,C_{19}}{i\,C_{20}}\right)$ der Erdöle verschiedener Regionen und die Abhängigkeit dieser Werte von den thermobarischen Lagerungsverhältnissen und dem Indikator ihrer faziellen Bildungssituation (k_m)

Lfd. Nr.	Lagerstätte Bohrung	Region	Geolog. Alter	Tiefe in m	T °C der Schicht	$\frac{\text{Pristan}}{\text{Phytan}}$	Koeffizient der Marinität nach SALMANOW	Bestimmung des Regimes der Sedimentation nach k_m	Bestimmung des Regimes der Sedimentation nach geologischen Daten
1.	Fjodorowskoje 12	West-	Unterkreide	1887–1890	56	0,72	$0{,}12 + \frac{0{,}30}{\text{asph.}}\ 0{,}18 < k_m = 0{,}31 < 0{,}32 = 0{,}12\ \frac{0{,}90}{\text{asph.}}$	Küstennah-marin	Küstennah-marin-lagunär
2.	Fjodorowskoje 69	sibirische	Unterkreide	2052–2061	60	0,55	$k_m = 0{,}54 > 0{,}36 = 0{,}12 + \frac{0{,}90}{\text{asph.}}$	Marin	Marin (normal)
3.	Fjodorowskoje 64	Tiefebene	Unterkreide	2272–2292	68	0,88	$0{,}12 + \frac{0{,}30}{\text{asph.}} = 0{,}38 < k_m = 0{,}83 < 0{,}90 = 0{,}12 + \frac{0{,}90}{\text{asph.}}$	Küstennah-marin	Marin (Verlandung)
4.	Tenguta 213	Kaukasus-vorland	Unterkreide	1127–1128	67	1,57	–		
5.	Changan 1		Unterkreide	1126–1228	60	1,33	–		
6.	Welitschajewskoje 71		Unterkreide	2523–2526	110	1,43	–		
7.	Welitschajewskoje 54		Unterkreide	3154–3010	140	1,64	$0{,}12 + \frac{0{,}30}{\text{asph.}} = 0{,}41 < k_m = 0{,}47 < 1{,}0 = 0{,}12 + \frac{0{,}90}{\text{asph.}}$	Küstennah-marin	Seichtwasser, große Abtragung klastischen Materials
8.	Simnjajastawka 69		Unterkreide	3087–3095	140	1,58	$k_m = 0{,}30 < 0{,}55 = 0{,}12 + \frac{0{,}30}{\text{asph.}}$	Kontinental	Seichtwasser-terrigene Sedimente (seichter Schelf)
9.	Shuzlak 71	Daghestan	Unterkreide	609–630		1,69			
1.	Fjodorowskoje 61	Westsib.	M. Jura	2757–2763	78	0,67	$k_m = 0{,}49 > 0{,}42 = 0{,}12 + \frac{0{,}90}{\text{asph.}}$	Marines Regime	Meerestransgression
2.	Fjodorowskoje 82	Tiefebene	M. Jura	2775–2790	90	0,59	$k_m = 0{,}32 > 0{,}31 = 0{,}12 + \frac{0{,}90}{\text{asph.}}$	Marines Regime	Meerestransgression
3.	Barakajewskoje 103	Kaukasus-vorland	M. Jura	1180–1205	40	1,84	–		
4.	Kaspijskoje 35		M. Jura	2193–2290	92	1,54	–		
5.	Welitschajewskoje 35		M. Jura	3456–3460	140	1,50	$0{,}12 + \frac{0{,}30}{\text{asph.}} = 1{,}42 < k_m = 1{,}91 < 4{,}03 = 0{,}12 + \frac{0{,}90}{\text{asph.}}$	Küstennah-marin	Sumpfig-limnisch und küstennah
6.	Shetybai 30	Mangyschlak	M. Jura	1824–1831	67	1,33	–		
7.	Shetybai 36		M. Jura	1895–1906	68	1,06	–		
8.	Shetybai 425		M. Jura	2800–2885	100	1,57	$k_m = 0{,}0045 < 0{,}81 = 0{,}12 + \frac{0{,}30}{\text{asph.}}$	Kontinental	Kontinental
1.	Archangelskoje 100	Wolga-Ural-Provinz, Nördliche Gebiete	Devon	1808–1816	39	0,54	$k_m = 0{,}57 > 0{,}51 = 912 + \frac{0{,}90}{\text{asph.}}$	Marines Regime	Meerestransgression
2.	Romaschkino 6004	Wolga-Ural-Provinz, Nördliche Gebiete	Paschij-Horizont	1788–1798	70	0,82	$k_m = 0{,}38 > 0{,}33 = 0{,}12 + \frac{0{,}90}{\text{asph.}}$	Marines Regime	Meerestransgression
3.	Sokolowogorskoje 144	Wolga-Ural-Provinz, Unteres Wolga-Gebiet	Paschij-Horizont	1795–1890	53	1,15	$k_m = 0{,}23 < 0{,}35 = 0{,}12 + \frac{0{,}30}{\text{asph.}}$	Kontinental	
4.	Ustj-Pogoshskoje 47	Wolga-Ural-Provinz, Unteres Wolga-Gebiet	Paschij-Horizont	3820–3830	95	1,70	–	Kontinental	
5.	Taschla 25-P		Paschij-Horizont	53–61 bis 5280		0,80	$0{,}12 + \frac{0{,}30}{\text{asph.}} = 2{,}6 < k_m = 4{,}7 < 7{,}6 = 0{,}12 + \frac{0{,}90}{\text{asph.}}$	Küstennah-marin	Meerestransgression

Zusammensetzung beachten, und bei der stratigraphischen Korrelation besonders den Gehalt des höchstmolekularen Teils dieser Kohlenwasserstoffe (C_{25} und C_{32}) und den Wert des Verhältnisses $\sum \frac{n\,C_{17} + n\,C_{18}}{n\,C_{16} - n\,C_{12}}$ (was die Berechnung des Verhältnisses $\frac{\text{Feste KW}}{\text{Flüssige KW}}$ ersetzt und vereinfacht).

Diese Kennziffern ändern sich für die stratigraphischen Komplexe unregelmäßig. Eine genauere Information ergibt sich bei regionalen Vergleichen der Erdöle innerhalb jedes stratigraphischen Komplexes.

Die Verteilungsmaxima und die Werte des Verhältnisses $\frac{\text{ungeradzahlig}}{\text{geradzahlig}}$ der individuellen n-Paraffine ändern sich ebenfalls unregelmäßig im Profil der stratigraphischen Untergliederungen und liefern deutlichere Unterschiede im regionalen Plan, wie das früher demonstriert wurde (MAKSIMOW & SAFONOWA 1972). Die Gesamtmenge der n-Paraffine in den Erdölen jeder Region kann daher von den Temperaturbedingungen der Schichten abhängen. Die qualitative Zusammensetzung der n-Paraffine aber ordnet sich in der Hauptsache der Zusammensetzung der organischen Ausgangssubstanzen unter, d. h. sie widerspiegelt den reliktischen Charakter dieser Kohlenwasserstoffe.

In Abb. 2 wird die Veränderung des Gehalts der Isoprenoid-Kohlenwasserstoffe in den Erdölen nach gemittelten Daten für jede Region einzeln gezeigt. Der Gehalt der Isoprenoid-Kohlenwasserstoffe in den Erdölen verändert sich weitaus geringer und bedeutend weniger regelmäßig als der Gehalt der n-Paraffine, vorwiegend in den Grenzen von 0,8—3,5%. Es gibt jedoch einzelne Fälle, in denen der Gehalt an Isoprenoiden 9 und 11% erreicht, z. B. im Erdöl der Lagerstätte Asewo-Salausch, Tatarische ASSR.

Man muß beachten, daß die Zusammensetzung der individuellen Isoprenoid-Kohlenwasserstoffe ein genetischer Indikator ist, wie in vorhergegangenen Arbeiten angegeben wurde (MAKSIMOW & SAFONOWA 1971). Der Wert des Verhältnisses $\frac{\text{Pristan}}{\text{Phytan}} \left(\frac{i\,C_{19}}{i\,C_{20}}\right)$ hängt für die Erdöle wenig von thermobarischen Faktoren ab und hat in verschiedenen Regionen eine andersartige Bedeutung. Man kann folgende Beispiele anführen (Tab. 3).

In erster Annäherung stellt sich heraus, daß ein Wert des Verhältnisses $\frac{\text{Pristan}}{\text{Phytan}}$ unter 1 für Erdöle charakteristisch ist, die genetisch mit normalen marinen Sedimentationsverhältnissen zusammenhängen. Lagunär-kontinentale Verhältnisse oder eine erhebliche Zufuhr von klastischem Material entspricht einem Verhältnis $\frac{\text{Pristan}}{\text{Phytan}}$ über 1.

Die Marinitätskoeffizienten nach SALMANOW lieferten in einer Reihe von Fällen eine deutliche Bestätigung, sowohl für die geologischen Beschreibungen, als auch für den Wert des Verhältnisses $\frac{\text{Pristan}}{\text{Phytan}}$, das von den reliktischen Ausgangssubstanzen ererbt wurde. Damit wurde auch die genetische Bedeutung des Verhältnisses $\frac{\text{Pristan}}{\text{Phytan}}$ bestätigt, und sein Zusammenhang mit der faziellen Situation der Sedimentation der erdölproduzierenden Sedimente nachgewiesen.

Der Umwandlungsgrad der Isoprenoid-KW wird nach der Größe des Verhältnisses Phytan/Pristan zur Summe der niedrigermolekularen Isoprenide bestimmt $- \frac{i\,C_{20} + i\,C_{19}}{\sum i\,C_{18} - C_{12}}$.

Die Werte dieser Verhältnisse nehmen unter dem Einfluß der Katagenese in verschiedenen Regionen unterschiedlich ab. Für die am stärksten umgewandelten Erdöle sind Werte von 0,3—0,1, für wenig umgewandelte Werte bis 2,5 und mehr anzugeben. Zu beachten ist das Verhältnis der Isoprenoide zu den n-Paraffinen $\left(\frac{\text{Isoparaffine}}{\text{n-Paraffine}}\right)$ oder $\frac{i\,C_{20} + i\,C_{19}}{n\,C_{18} + n\,C_{17}}$ (Abb. 3).

Diese Verhältnisse vermindern sich bei Erhöhung der thermobarischen Faktoren der Lager und mit Zunahme des geologischen Alters der Gesteine und der Erdöle, aber in jeder Region gibt es verschiedene Werte: für die am stärksten umgewandelten Erdöle 0,1 bis 0,6, für wenig umgewandelte 2 bis 4 und mehr.

Wendet man sich den massenspektrometrisch erhaltenen Charakteristiken der Naphten-Kohlenwasserstoffe zu (Abb. 2), so kann man sagen, daß sich für verschiedene Regionen gleichaltrige Erdöle nach dem quantitativen Gehalt an tetrazyklischen und pentazyklischen Naphthenen unterscheiden, sogar in größerem Maße als nach dem Gehalt an Isoprenoiden. Der Gehalt der Sterane ändert sich zwischen 9,5% und 1,4%, der Gehalt der Triterpane — zwischen 3,0 und 0,66%. Die Größe des Verhältnisses $\frac{\text{Sterane}}{\text{Triterpane}}$ kann sich für die verschiedenen Erdöle im Bereich von 3,8 bis 1,5 verändern. Verfolgt man aber die quantitativen Gehalte der tetra- und pentazyklischen Naphthene anhand der stratigraphischen Profile (Abb. 2 und 4), so kann man beobachten, daß fast für alle Regionen eine allmähliche Abnahme der polyzyklischen Strukturen mit der Erhöhung des geologischen Alters der Erdölnebengesteine charakteristisch ist.

Die Beobachtung der Veränderung der Verhältnisse $\frac{\text{Mono- + bizyklische Naphthene}}{\text{Polyzyklische Naphthene}}$ u. $\frac{\text{Trizyklische}}{\text{Tetra- u. Pentazyklische}}$ in den stratigraphischen Komplexen aller Regionen zeigt eine recht konstante und allmähliche Zunahme dieser Größen, besonders der ersten, im stratigraphischen Profil von oben nach unten. Das bekräftigt die Neubildung niedermolekularer Naphthene unter der Einwirkung thermobarischer Faktoren und des geologischen Zeitfaktors.

Tab. 4 bringt summarische Angaben über die effektivsten Kennziffern (Indikatoren). Der Gesamtgehalt der reliktischen (genetischen) Strukturen/Merkmale in den Erdölen ist bedeutend und kann im Durchschnitt 30 bis 35% für die Fraktion der Paraffin-Naphthen-Kohlenwasserstoffe betragen, womit an sich die organische Entstehung des Erdöls bewiesen ist.

Die Hauptergebnisse dieser Untersuchungen bestehen daher in folgendem:

1. Eine Präzisierung der stratigraphischen Zugehörigkeit der Erdöle ist innerhalb einzelner Regionen nach dem Gehalt und der Verteilung der hochmolekularen n-Paraffine (C_{13} bis C_{32}) unter Berücksichtigung des Temperaturfaktors möglich. Für Regionen mit einer Schichttemperatur von 140 bis 150°C erreicht der Gehalt der n-Paraffine bei Erdöl 22 bis 30%.

2. Ein genetisches Kriterium — das Verhältnis $\frac{\text{Pristan}}{\text{Phytan}}$ ist charakteristisch für verschiedene Regionen und drückt die Abhängigkeit der Erdöle von der faziellen Situation der Sedimentation aus. Ein Vorwiegen des Phytans $\left(\frac{\text{Pristan}}{\text{Phytan}} < 1\right)$ ist

Zeitschrift für angewandte Geologie, Bd. 23 (1977) Heft 10
Zum Beitrag HETZER u. a.: Erdöl – erdgasgeologische Rayonierung des Nordseeaqautoriums Abb. 4 und 5

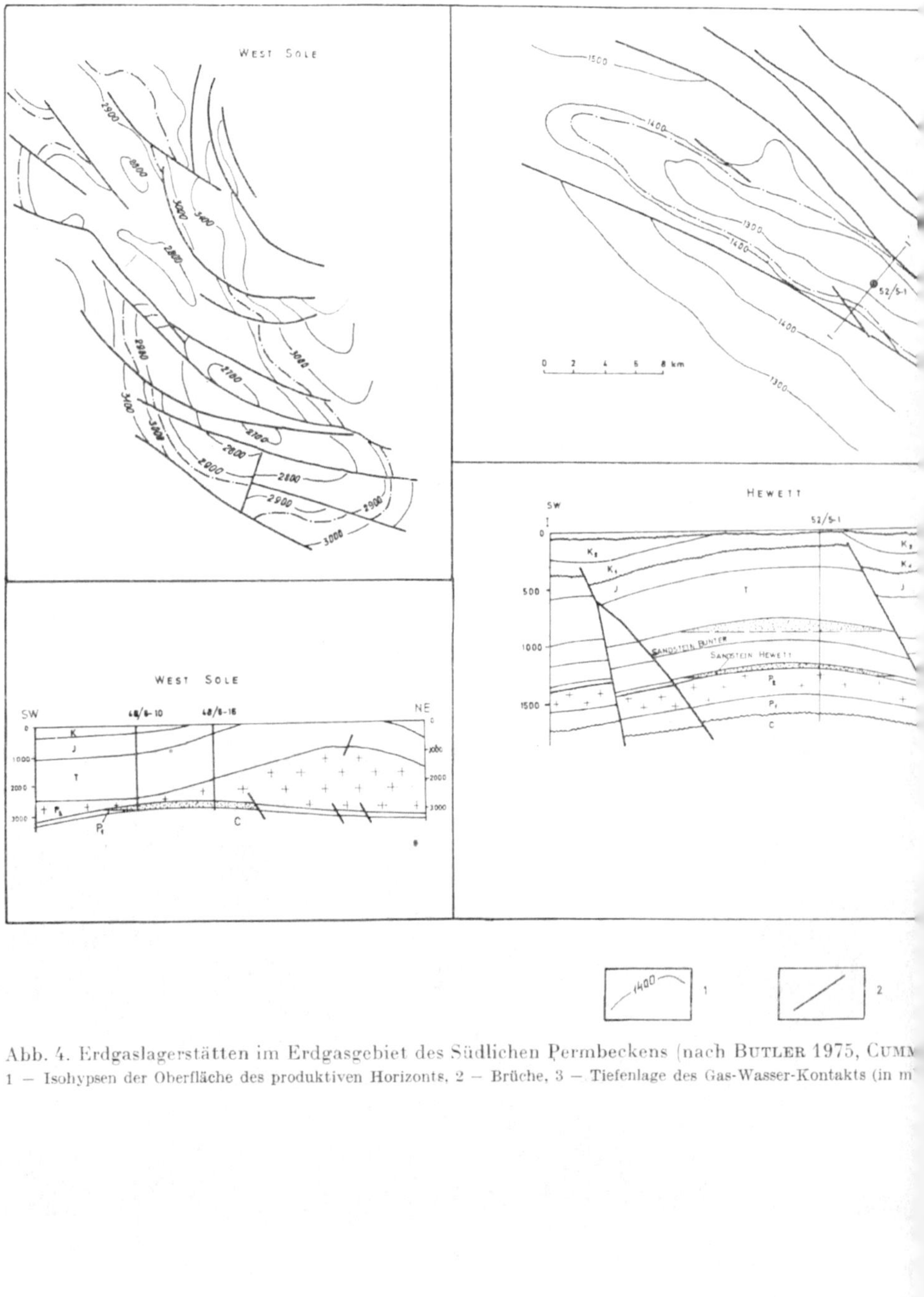

Abb. 4. Erdgaslagerstätten im Erdgasgebiet des Südlichen Permbeckens (nach BUTLER 1975, CUMM…
1 – Isohypsen der Oberfläche des produktiven Horizonts, 2 – Brüche, 3 – Tiefenlage des Gas-Wasser-Kontakts (in m…

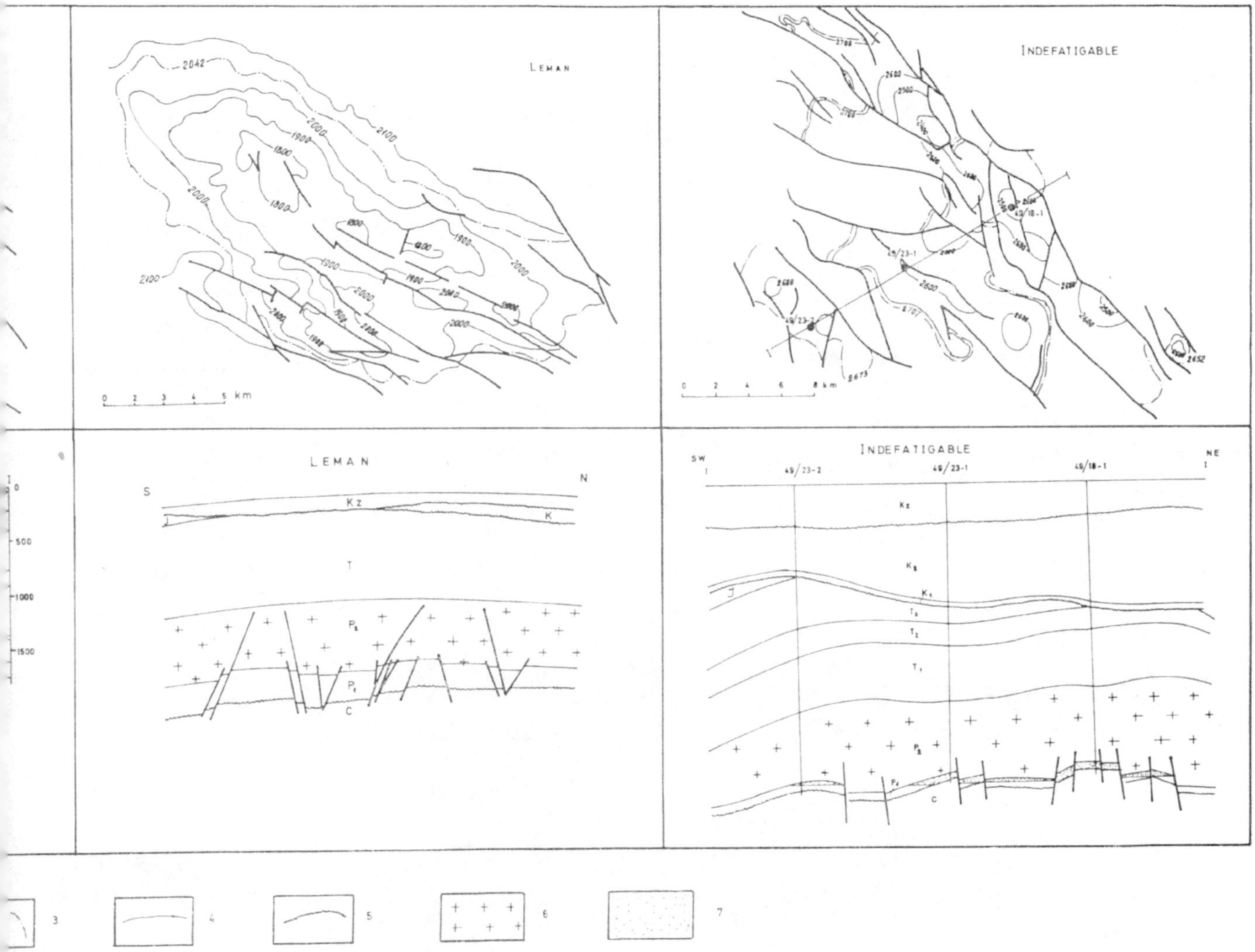

NDHAM 1975, FRANCE 1975 und VAN VEEN 1975)

rdante geologische Grenzen, 5 — diskordante geologische Grenzen, 6 — Salinarserien, 7 — Erdgas

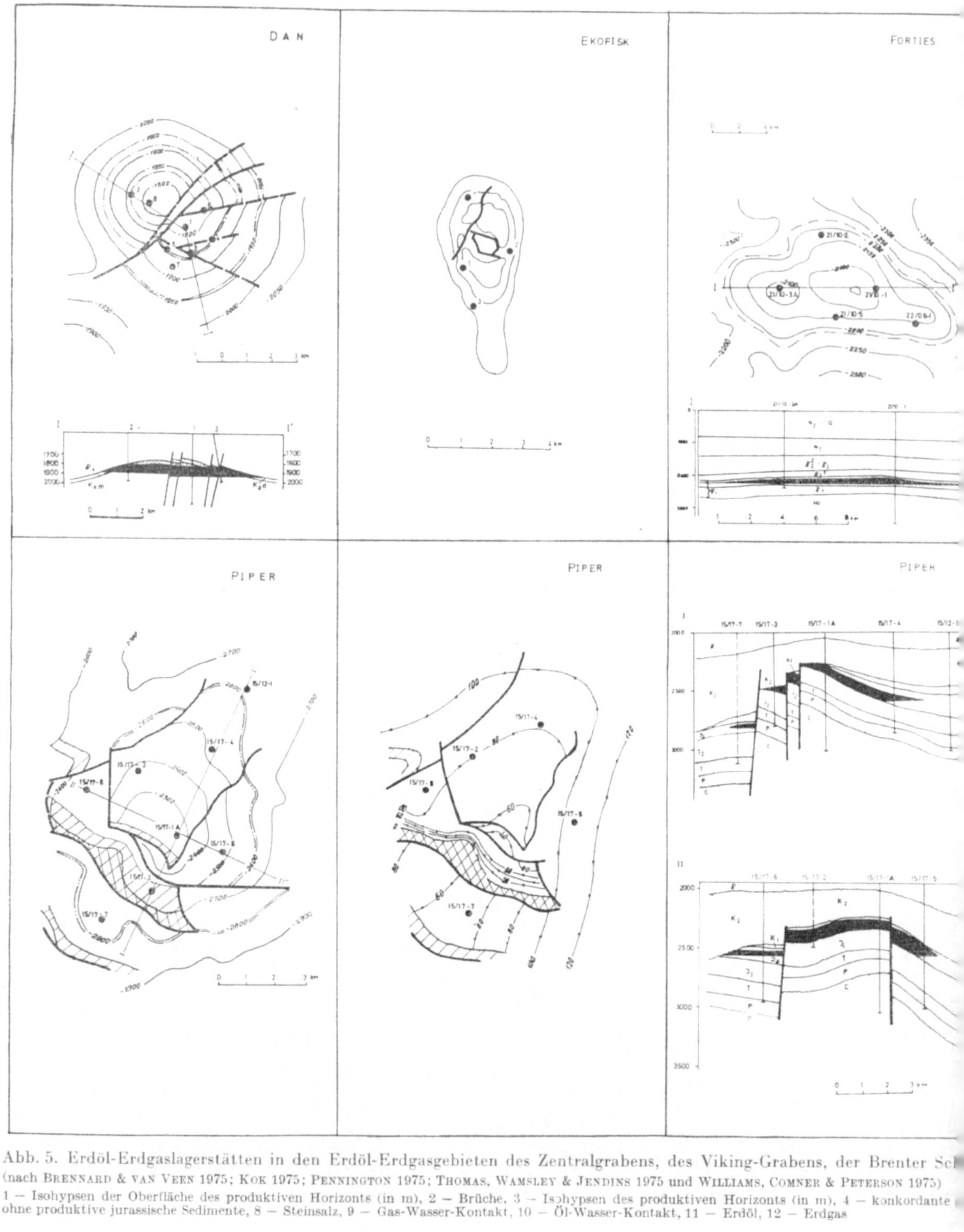

Abb. 5. Erdöl-Erdgaslagerstätten in den Erdöl-Erdgasgebieten des Zentralgrabens, des Viking-Grabens, der Brenter Sc
(nach BRENNARD & VAN VEEN 1975; KOK 1975; PENNINGTON 1975; THOMAS, WAMSLEY & JENDINS 1975 und WILLIAMS, COMNER & PETERSON 1975)
1 – Isohypsen der Oberfläche des produktiven Horizonts (in m), 2 – Brüche, 3 – Isohypsen des produktiven Horizonts (in m), 4 – konkordante ohne produktive jurassische Sedimente, 8 – Steinsalz, 9 – Gas-Wasser-Kontakt, 10 – Öl-Wasser-Kontakt, 11 – Erdöl, 12 – Erdgas

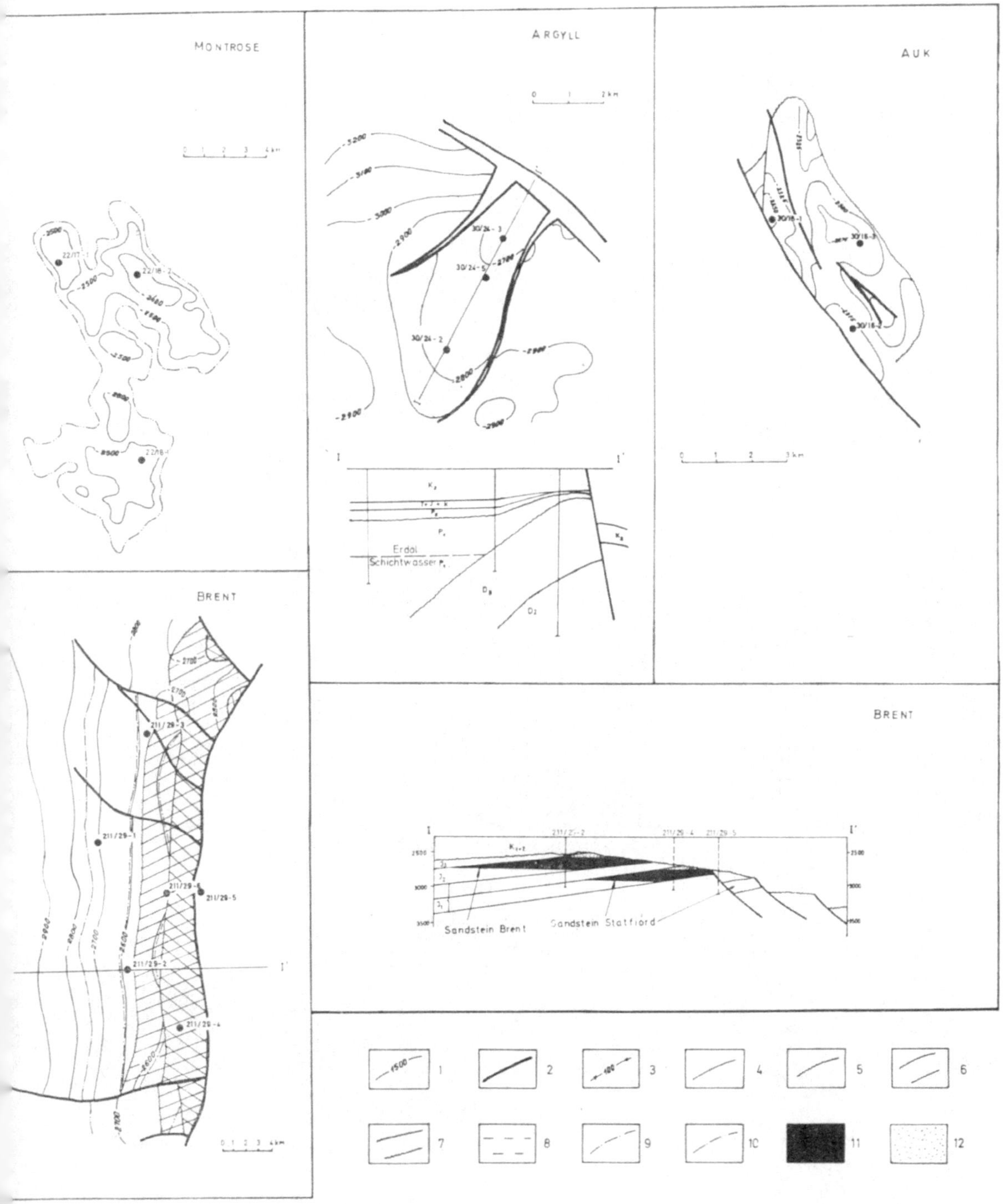

ler Moray-Firth-Senke

renzen, 5 – diskordante geologische Grenzen, 6 – Ausbiß der jurassischen produktiven Horizonte auf die präkretazische Erosionsfläche, 7 – Bereiche

Tabelle 4

Kennziffern	Für die am stärksten umgewandelten Erdöle	Für wenig umgewandelte Erdöle
$\frac{i\,C\,20 + i\,C\,19}{\sum i\,C\,18 - i\,C\,12}$	0,3 — 0,1	2,5 und höher
$\frac{i\,C\,20 + i\,C\,19}{n\,C\,18 + n\,C\,17}$ oder $\frac{\text{Isoprenoide}}{\text{n-Paraffine}}$	0,1 — 0,6	2,4 und höher
$\frac{i\,C\,20}{n\,C\,18}$ und $\frac{i\,C\,19}{n\,C\,17}$	0,08 — 0,10	5—7 und höher
$\frac{\text{Monozyklische u. bizyklische Naphthene}}{\text{Polyzyklische Naphthene}}$	2,0—2,8	0,76—1,0

charakteristisch für Erdöle mariner Genese; ein Vorwiegen des Pristans $\left(\frac{\text{Pristan}}{\text{Phytan}} > 1\right)$ ist kennzeichnend für Erdöle, die genetisch entweder mit kontinentalen oder mit küstennahen Bedingungen zusammenhängen. Diese Abhängigkeiten werden sowohl durch Berechnungen der Marinitätskoeffizienten nach SALMANOW als auch durch die geologische Geschichte der das Erdöl umgebenden Schichtenfolgen bestätigt.

3. Die genetische Bedeutung der Werte des Verhältnisses $\frac{\text{Tetrazyklische Naphthene}}{\text{Pentazyklische Naphthene}}\left(\frac{\text{Sterane}}{\text{Triterpane}}\right)$, das für verschiedene Erdöle und Gebiete zwischen 3,8 und 1,5 liegt, wurde nachgewiesen.

4. Kriterien der katagenetischen Umwandlungen der Erdöle sind folgende relative Größen:

$$\frac{\text{Isoprenoide}}{\text{n-Paraffine}};\ \frac{i\,C\,20 + i\,C\,19}{n\,C\,18 + n\,C\,17};\ \frac{i\,C\,20 + i\,C\,19}{\sum i\,C\,18 - i\,C\,12};$$

$$\frac{i\,C\,20}{i\,C\,18};\ \frac{i\,C\,19}{n\,C\,17};\ \frac{\text{Mono- + bizyklische Naphthene}}{\text{Polyzyklische Naphthene}}$$

Zusammenfassung

Es wird nachgewiesen, daß die Zusammensetzung der hochmolekularen n-Alkane die Möglichkeit gibt, die stratigraphische Zugehörigkeit der Erdöle zu präzisieren, sowie den Einfluß des Temperaturfaktors in den Schichten auf die quantitative Zusammensetzung der Erdöle genauer zu fassen, daß ferner die Größe $\frac{\text{Pristan}}{\text{Phytan}}$ der Isoprenoid-Kohlenwasserstoffe genetische Bedeutung hat. Zusätzliche Berechnungen des Marinitätskoeffizienten der Erdöle nach SALMONOW gestatten es, die Abhängigkeit dieses Kriteriums von den Faziesverhältnissen der Sedimentation nachzuweisen. Der Gehalt an polyzyklischen Naphthenen in den Erdölen hat ebenfalls genetische Bedeutung. Der hohe Gesamtgehalt an reliktischen Kohlenwasserstoffen in den verschiedenen Erdölen bestätigt ihre organische Herkunft.

Резюме

Доказывается, что состав высокомолекулярных n-алканов даст возможност, уточнять стратиграфическую принадлежность нефтей, как и точнее охватывать влияние теплового фактора в пластах на количественный состав нефтей, что дальше величина $\frac{\text{пристан}}{\text{фитан}}$ изопреноидовых углеводородов имеет генетическое значение. Достаточные вычисления коэффициента маринности нефтей по К. Ф. САЛМАНОВУ позволяют доказать зависимость этого критерия от фацияльных отношений. Содержание полициклических нафтенов в нефтях также имеет генетическое значение. Общее высокое содержание остаточных углеводородов в различных нефтях доказывает их органическое происхождение.

Summary

It is shown that the composition of high-molecular n-alkanes makes it possible to define exactly the stratigraphical pertinence of oils, to determine more exactly the influence of the temperature in the beds on the quantitative oil composition, and that a genetic importance must be attached to the $\frac{\text{pristane}}{\text{phytane}}$ quantity of isoprenoid hydrocarbons. Additional calculations of the marinity coefficient of oils according to K. F. SALMANOW permit to demonstrate the dependence of this criterion on the facies conditions. The content of polycyclic naphthenes in oils has also a genetic significance. The high total content of residual hydrocarbons in various oils confirms their organic origin.

Literatur

BENDORAITIS, J. G.; BROWN, B. L.; MESSNER, L. S.: Isoprenoid hydrocarbons in petroleum. — Analyt. Chem., 34, 49—53, Washington 1962.

BOGOMOLOW, A. I.; CHOTYNZEWA, L. I.; PANINA, K. I.: Katalytische Niedertemperaturumwandlungen organischer Verbindungen unter Tonen. — Geochimitscheski Sb., 6, Gostoptechisdat, 163—193 (1960).

BRAY, E. E.; EVANS, E. D.: Distribution of n-paraffins as a clue to recognition of source deads. — Geochim. et Cosmochim. Acta, 22, 1, 55—67, London 1961.

HILLS, J. R.; WHITEHEAL, E. V.; Triterpans in optically active petroleum distillates. — Nature, 1966, 209, 977—979, London 1966.

MAKSIMOW, S. P.; SAFONOWA, G. I.: Die Isoprenoid-Kohlenwasserstoffe — ein zusätzliches Kriterium bei der Bestimmung des genetischen Typs der Erdöle. — Geol. nefti i gasa, 10, 38—41, Moskau 1971.

— Die genetischen Besonderheiten der Erdöle der devonischen Schichten der Wolga-Ural-Provinz. — Sow. Geol., 1, 14—28, Moskau 1972.

OBOLENZEW, R. D.: Physikalische Konstanten der Kohlenwasserstoffe flüssiger Brennstoffe und Öle. — Gostoptechisdat (1953).

PETROW, A. A.: Der Bau der Erdölkohlenwasserstoffe und das Problem der Erdölentstehung. — Sb. Genesis nefti i gasa, 140—146, Isdat. Nedra, Moskau 1967.

ROBINSON, W. E.; CUMMIN, J. J.; DINNEN, G. V.: Changes in Green River Oil-shale Paraffins with depth. — Geochim. et Cosmochim. Acta, 29, 4, 249—259, London 1965.

SAFONOWA, G. I.: Die katagenetischen Veränderungen der Erdöle in den Lagern. — Isdat. Nedra, 151 S., Moskau 1974.

SALMANOW, F. K.: Verteilungsgesetzmäßigkeiten und Bildungsverhältnisse der Erdöl- und Erdgaslager. — Isdat. Nedra, 278 S., Moskau 1974.

Zeitschrift für angewandte Geologie, Bd. 23 (1977), Heft 10

Quantitative Einschätzung des zu fördernden Wassers beim Abbau von Erdgaslagerstätten

ORJOL, W. J.; GOLDBECHER, K., Berlin; KASCHPAROW, M. M.; POLJAKOW, J. A.; TARUTIN, F. J., Gommern

Bekanntlich führt ein erhöhter Wassergehalt in der Produktion der Bohrungen zu Komplikationen bei ihrer Exploitation. Er bedingt ferner eine Reihe von Schwierigkeiten bei der Vorbereitung des Gases zum Transport; diese Schwierigkeiten hängen mit der Notwendigkeit zusammen, große Flüssigkeitsvolumina abzutrennen. Eine der wichtigsten Aufgaben, die beim Abbau von Erdgaslagerstätten entstehen, ist in diesem Zusammenhang die laufende Einschätzung des Standes des Exploitationsfonds der Bohrungen vom Gesichtspunkt ihres ausgebrachten Wassers (des Schicht- und des Restwassers). Eine derartige Einschätzung muß mit Hilfe quantitativer Kriterien durchgeführt werden, die es erlauben, die Tendenzen der Veränderung des Volumens des auszubringenden Wassers im Verlauf der weiteren Exploitation der Bohrungen zu prognostizieren und prognostische Berechnungen der Hauptkennziffern des Abbaus der Lagerstätte vorzunehmen. Zu diesen Kriterien können gerechnet werden: Die Menge des Wassers in der Produktion der Bohrungen, das Verhältnis der Kondensations- und der hochmineralisierten Wässer in zu fördernden Flüssigkeitsvolumen u. a. Auf der Basis der aufgezählten Kriterien wird im folgenden eine Einschätzung des Stands des Exploitationsfonds der Bohrungen einiger im Abbau befindlichen Lagerstätten gegeben.

Für die Bestimmung der Gesamtmenge des zu fördernden Wassers beim Abbau der Lagerstätten wurden die experimentellen Abhängigkeiten des anfänglichen Feuchtigkeitsgehalts des Gases und der Mittelwerte der Veränderung der Chlorionen vom Verhältnis des mineralisierten und des Kondensationswassers (Q_M/Q_K) verwendet. Dann wird nach der Größe des aus der Bohrung in einem festgelegten Zeitraum, z. B. ein Monat, entnommenen Erdgases die Menge des zu fördernden Wassers bestimmt, und nach dem Verhältnis Q_M/Q_K — die Menge des mineralisierten Wassers.

Die Gesamtmenge der aus allen, in Exploitation stehenden Bohrungen kann man nach folgender Formel bestimmen:

$$Q_W = \eta \sum_{j=1}^{n} q_{Gj}(1 + \beta_j) \qquad (1)$$

hierbei bedeuten:

q_{Gj} — Gasentnahme aus dem j-ten Bohrloch, in 1 000 Nominal-m^3/Monat
η — Anfänglicher Feuchtigkeitsgehalt, m^3/Mill. m^3 Erdgas,
β_j = q_{mj}/q_{kj} — Verhältnis der Volumina des mineralisierten und Kondensationswassers,
n — Zahl der Bohrungen (1, 2, ...).

Eingang des Manuskripts in der Redaktion: 15. 12. 1976.
Übers.: W. OESTREICH, Berlin

Man muß berücksichtigen, daß in Formel (1) ein konstanter Wert des Feuchtigkeitsgehalts angenommen wird. Das ist nur dann richtig, wenn sich der Lagerstättendruck (Schichtdruck) unerheblich verändert. In Wirklichkeit hängt der Feuchtigkeitsgehalt in der Schicht von der Veränderung des Drucks ab, da bei Erniedrigung des letzteren durch Verdunstung des Restwassers eine zusätzliche Sättigung des Gases und der Feuchtigkeit erfolgt. In diesem Fall muß man für jede Bohrung in Abhängigkeit vom Wert des laufenden Schichtdrucks den wahren Feuchtigkeitsgehalt berücksichtigen. Dann wird das Wasserverhältnis, d. h. die Wassermenge pro Einheit des geförderten Gases, für die Lagerstätte folgendermaßen bestimmt:

$$F = \eta + \frac{\sum_{j=1}^{n} \beta_j q_{Gj}}{Q_g} \qquad (2)$$

Hierbei ist Q_g — Gesamtentnahme des Gases aus der Lagerstätte in Millionen Nominal-m^3/Monat.

Zu dieser dargelegten Methodik wurde eine Berechnung des Wassers für eine Lagerstätte vorgenommen (Abb. 1). Hierbei wurde der anfängliche Feuchtigkeitsgehalt, nach experimentellen Daten bestimmt, mit 5,5 cm^3/m^3 und unabhängig vom Druck angenommen. Wie aus Abb. 1 hervorgeht, ist die Veränderung der Gesamtmenge der ausgebrachten Feuchtigkeit in der Hauptsache der Erdgasentnahme aus der Lagerstätte proportional. Das weist darauf hin, daß das Kondensations- und nicht das mineralisierte Wasser der Hauptfaktor ist. In Abb. 1 werden die Berechnungsergebnisse mit der Gesamtmenge des geförderten Wassers, bestimmt auf der Grundlage der faktischen Messungen an den Bohrungen, verglichen. Die maximale Abweichung der berechneten Werte (Rechenwerte) von den faktischen Werten geht nicht über ±10% hinaus. Der Charakter dieser Kurven ist ebenfalls identisch. Ferner ist eine gewisse Annäherung dieser Kurven zu verzeichnen. Diese Tendenz des Verhaltens der Kurven der Gesamtmenge der geförderten Flüssigkeit kann außer Fehlern in den Berechnungen auf eine zusätzliche Sättigung des Erdgases unter Schichtverhältnissen auf Kosten des Restwassers infolge Herabsetzung des Schichtdrucks

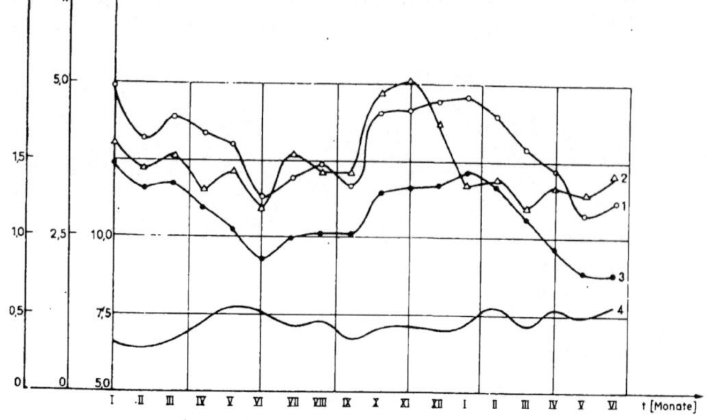

Abb. 1. Entwicklung der Gasentnahme, des geförderten Wassers sowie das Wasserverhältnis für die Lagerstätte
1 — Gesamtmenge des Wassers Q_n, berechnet für bedingte Einheiten, 2 — dgl. für Messungen an Bohrungen, 3 — relative Gasentnahme, 4 — Wasserverhältnis F

hinweisen. Diese Frage bedarf jedoch einer speziellen Untersuchung.

Das Wasserverhältnis schwankt pro Lagerstätte in weiten Grenzen. Eine gewisse Erhöhung, die in einzelnen Monaten stattfindet, wird damit erklärt, daß in dieser Periode wegen der Beschränkung des Bedarfs an Erdgas die Exploitation einer erheblichen Anzahl von Bohrungen eingestellt wird. Das beeinflußt in erheblichem Maße das Verhältnis zwischen den geförderten Flüssigkeitsvolumina und dem Erdgas.

Der Maximalwert des Wasserverhältnisses übersteigt nicht 8 $m^3/10^6$ m^3 Erdgas. Die Gesamttendenz der Veränderung des Wasserverhältnisses hat konstanten Charakter. Das durchschnittliche Wasserverhältnis für den betrachteten Zeitraum liegt in der Größenordnung von 7 $m^3/10^6$ m^3 Erdgas, hierbei beträgt die Menge des mineralisierten Wassers 1,5 m^3 pro 10^6 m^3 Erdgas.

Abb. 2 zeigt den Charakter der Veränderung des mineralisierten und des Kondensationswassers in der Zeit. Der schwankende Charakter der Förderkurve des mineralisierten Wassers erklärt sich durch die An- bzw. Abschaltung der Bohrungen, die mit einer erheblichen Wassermenge exploitiert werden. Die Einschätzung des Stands des Exploitationsfonds der Bohrungen vom Gesichtspunkt der von ihnen ausgebrachten Wässer kann auch durch Bestimmung der Veränderung des Gehalts der Chlorionen in dem von den Bohrungen geförderten Wasser vorgenommen werden. Der Gehalt der Chlorionen in der Produktion der Bohrungen wird hierbei durch Wägung der Menge der Chlorionen über die Förderraten des Wassers in den einzelnen Bohrungen bestimmt.

$$G_{Cl^-} = \frac{\sum_{j=1}^{n} (G_{Cl^-})_j q_j}{\sum_{j=1}^{n} q_{wj}}$$

Hierbei bedeuten: G_{Cl^-} — Gehalt der Chlorionen im Wasser, q_{wj} — Förderrate des Wassers (m^3/Monat).

Die Daten hinsichtlich des Gehalts an Chlorionen in dem von den Bohrungen ausgebrachten Wasser geben die Möglichkeit, im Mittel das Verhältnis der Volumina von kondensations-mineralisierten Wässern zu bestimmen.

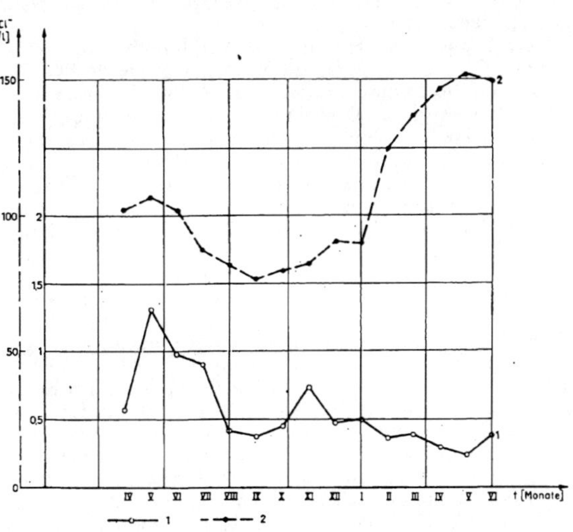

Abb. 2. Temporäre Veränderung des Gehalts der Chlorionen in dem von den Bohrungen ausgebrachten Wasser
1 – 1. Gruppe, 2 – 2. Gruppe

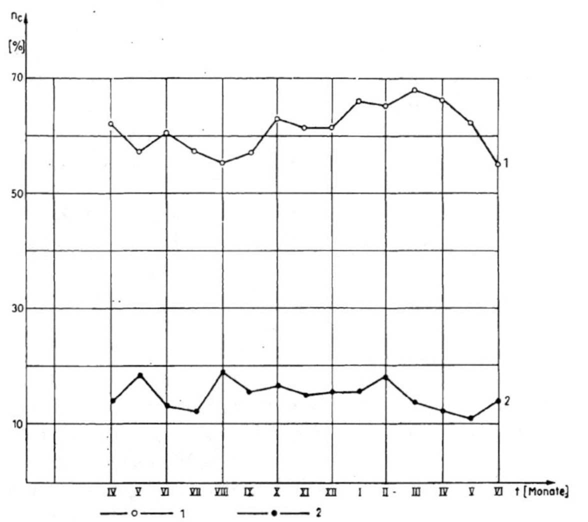

Abb. 3. Veränderung der Sondenanzahl mit niedrigerem und höherem Anteil von Chlorionen im angebrachten Wasser
1 – niedriger Anteil von Cl, 2 – höherer Anteil von Cl

Die tatsächlichen Tendenzen in der Veränderung des Gehalts der Chlorionen in der Produktion der Bohrungen können nur bei der Betrachtung von Gruppen von Bohrungen verfolgt werden, die sich einerseits durch die in der Zeit konstante Arbeit auszeichnen, andererseits durch einen der Zusammensetzung nach gleichartigen Gehalt der Chlorionen. Derartige Gruppen werden nach der Betrachtung der Veränderung der genannten Daten für die einzelnen Bohrungen mit nachfolgender Bildung entsprechender Gruppen ermittelt, deren Zahl von den Besonderheiten der Ausgangsdaten und den Zielen der Untersuchung abhängt.

In Abb. 2 ist die Veränderung des Gehalts der Chlorionen in der Produktion von 22 Bohrungen dargestellt, die sich durch praktisch konstante Arbeit im Verlaufe einer längeren Zeit auszeichnen. Diese Gruppe, die den Hauptteil des Exploitationsfonds darstellt, wird durch eine kontinuierliche allmähliche Abnahme des Mineralisationsgrades der ausgebrachten Wässer gekennzeichnet; das hängt wahrscheinlich mit der „Reinigung" der bohrlochsohlennahen Zonen von Restwässern und den Arbeitsflüssigkeiten zusammen. Der Mineralisationsgrad der hier ausgebrachten Wässer ist dem ähnlich, der für das Kondensationswasser charakteristisch ist. Auf Abb. 2 sind auch die Daten für die 2. Gruppe abgegeben, die aus 5 Bohrungen besteht. Im Gegensatz zur 1. Gruppe ist hier ein schwankender Charakter der Veränderung des Gehalts der Chlorionen im Zeitraum von etwa einem Jahr zu verzeichnen. Daneben ist eine Tendenz zur Zunahme des Mineralisationsgrads der ausgebrachten Wässer zu bemerken; das leitet sich offensichtlich vom technischen Zustand der Bohrungen und von der Ähnlichkeit der tektonischen Störungen ab. Das Volumen des mineralisierten Wassers betrug am Ende des behandelten Intervalls das Doppelte des Volumens des Kondensationswassers.

Wichtige praktische Bedeutung hat das Studium der Veränderung der Bohrungen des tätigen Fonds in den Gruppen mit unterschiedlichem Mineralisationsgrad. Abb. 3 zeigt die Veränderung (im Verlauf von 15 Monaten) der Zahl der Bohrungen mit geringem (von 0 bis 2 g/l) und hohem (über 100 g/l) Gehalt der Chlorionen im ausge-

brachten Wasser. Die Kurven weisen darauf hin, daß die Zahl der Bohrungen mit unterschiedlichem Mineralisationsgrad im Verlauf des behandelten Zeitraums praktisch konstant bleibt.
Die Analyse des Stands des Exploitationsfonds der Bohrungen gestattet die Folgerung, daß der in Betrieb befindliche Fonds der Lagerstätte im Verlauf einer längeren Zeit durch eine Konstanz des Mineralisationsgrads der von den Bohrungen ausgebrachten Wässer gekennzeichnet wird. Für eine Reihe von Bohrungen ist ständig eine hohe Mineralisation der Wässer und ihr erhöhtes Ausbringen zu beobachten. Die Zunahme der Mineralisation der ausgebrachten Wässer in einzelnen Bohrungen wird durch die Abnahme des Gehalts der Chlorionen in anderen Bohrungen kompensiert. Die Anwesenheit einer Gruppe von Bohrungen im Exploitationsfonds, die durch das Ausbringen erhöhter Volumina der mineralisierten Wässer gekennzeichnet werden,' muß bei der weiteren Analyse und Projektierung des Abbaus der Lagerstätte berücksichtigt werden.

Zusammenfassung

Es wird eine quantitative Einschätzung des geförderten Kondensationswassers und des mineralisierten Wassers beim Abbau einer Erdgaslagerstätte gegeben. Die Ergebnisse der Berechnungen werden mit den Meßdaten aus den Bohrungen verglichen.
Anhand der Bestimmung der Veränderungen des Chlorionengehalts in der geförderten Produktion wurde der Stand des Exploitationsfonds der Bohrungen aus der Sicht der ausgebrachten mineralisierten Wässer eingeschätzt. Das gab die Möglichkeit, Gruppen von Bohrungen zu ermitteln, die sowohl durch konstante Abnahme des Mineralisationsgrads als auch durch eine relative Zunahme der Mineralisation der ausgebrachten Wässer gekennzeichnet sind.

Резюме

Дана количественная оценка добываемой конденсационной и минерализованной воды при разработке газового месторождения. Результаты расчетов сопоставлены с данными замеров по скважинам. Сделана оценка состояния эксплуатационного фонда скважин с точки зрения выноса ими минерализованных вод на основе определения динамики содержания ионов хлора в добываемой продукции. Это позволило выделить группы скважин, характеризующихся как постоянным снижением степени минерализации, так и некоторым увеличением минерализации выносимых вод. На основе проведенного анализа сделаны важные практические выводы.

Summary

The condensation water raised and the mineralized water are estimated quantitatively when exploiting a gas deposit. The results of calculation are compared with those obtained by borehole measurements. From a determination of the change of content of chlorine ions in the production raised the state of the fund of exploitation of bore-holes was estimated from the point of view of mineralized waters produced. Thus it was possible to determine groups of bore-holes characterized by both a constant decrease of the degree of mineralization and a relative increase of mineralization of the waters produced.

Erdöl-erdgasgeologische Rayonierung des Nordseeaquatoriums

HETZER, H.; SOLOWJOW, B. A.; SILONOW, F. A., Berlin

Der Nordseeraum bildet die gegenwärtig größte erdöl-erdgasführende Region Westeuropas (Abb. 1). Im Verlauf der 1964, nach Entdeckung der riesigen Erdgaslagerstätte Groningen auf dem niederländischen Festland, einsetzenden geologischen Untersuchungsarbeiten wurden bis Mitte 1976 ca. 830 Bohrungen abgeteuft und damit Vorräte in Höhe von 3 bis 3,5 Mrd. t Erdöl und 2,5 Bill. m³ Erdgas nachgewiesen. Die Erdölvorräte allein betragen etwa 4% der für 1976 ausgewiesenen Welterdölvorräte. Nach Einschätzung von Experten kapitalistischer Erdölgesellschaften soll sich die Förderung aus den Lagerstätten der Nordsee nach 1980 auf 150 bis 250 Mill. t Erdöl und 100 Mrd. m³ Erdgas jährlich entwickeln.
Die Such- und Erkundungsarbeiten in der Nordsee erbrachten umfangreiche Informationen über den geologischen Bau dieses Gebiets. Auf der Grundlage dieser Unterlagen ist es möglich, eine erdöl-erdgasgeologische Rayonierung des Aquatoriums der Nordsee vorzunehmen und die hauptsächlichen Gesetzmäßigkeiten der Verteilung von Erdöl-Erdgaslagerstätten zu erfassen. Daraus können wesentliche Erkenntnisse für die Einschätzung der Erdöl-Erdgashöffigkeit analog gebauter Gebiete in anderen Regionen abgeleitet werden.

1. Generelle Züge des geologischen Baus und der Entwicklung des Nordseeaquatoriums

Der Untergrund des Nordseeaquatoriums wird von einem tiefen, kompliziert gestalteten Sedimentationsbecken gebildet, das zur Mitteleuropäischen Senke gehört und zu den Strukturen des Nordatlantischen Schelfs überleitet. Das Alter des Fundaments dieser großen tektonischen Einheit wird allgemein als kaledonisch angenommen, im Zentralteil schließt es nach gravimetrischen Angaben präkambrische Gesteine mit ein. Die präkambrischen Komplexe bilden eine subaquatische Weiterführung des Massivs von Ringköbing-Fünen, das in das Aquatorium vom Mittelteil der Jütländischen Halbinsel her hineinreicht. In der Westhälfte des Aquatoriums, im Bereich der Doggerbank, ist die Existenz eines weiteren alten Massivs, des Mittelnordseehochs, zu vermuten. Diese präkambrischen Massive teilen den Untergrund der Nordsee in eine nördliche und eine südliche Hälfte.
Die unteren, aus devonischen und karbonischen Gesteinen bestehenden Folgen des sedimentären Deckgebirges der Nordsee sind bisher nur wenig aufgeschlossen, so daß die Informationen über ihre Verbreitung, Mächtigkeit, Zusammensetzung und Strukturen lückenhaft sind. Trotzdem lassen die vorhandenen Angaben die Schlußfolgerung zu, daß die geologische Entwicklung des nördlichen und des südlichen Bereichs der Nordsee einen unterschiedlichen Verlauf genommen hat.
Der nördliche Teil des Aquatoriums ist durch die Ausbildung kontinentaler Folgen des Devons (Old-Red-Formation) und Unterkarbons gekennzeichnet, im Südteil treten marine und litoral-marine Sedimente des Devons und Unterkarbons („Kohlenkalk") sowie paralischen Folgen des Oberkarbons auf, die nach geochemischen Untersuchungen als der wichtigste Muttergesteinskomplex der Region anzusehen sind.
Die darüber diskordant folgenden Ablagerungen des Rotliegenden sind als vulkanogen-salinar-terrigener Komplex fast über das gesamte Nordseegebiet verbreitet. Auch in der Ausbildung der Schichtenfolgen des Rotliegenden läßt sich deutlich die bereits erwähnte strukturelle Differenzierung des Aquatoriums in ein nördliches und südliches Becken erkennen (Abb. 2). Die an der Basis des Rotliegendkomplexes (Autun) auftretenden Effusiva sind vorzugsweise an die nördlichen und südlichen Flanken des Ringköbing-Fünen-Hochs gebunden.
Den Hauptteil des Profils des Saxons machen terrestrische rotfarbene Gesteine aus, denen im Zentrum des Südbeckens auch

Eingang des Manuskripts in der Redaktion: 17. 3. 1977.

Zeitschrift für angewandte Geologie, Bd. 23 (1977), Heft 10

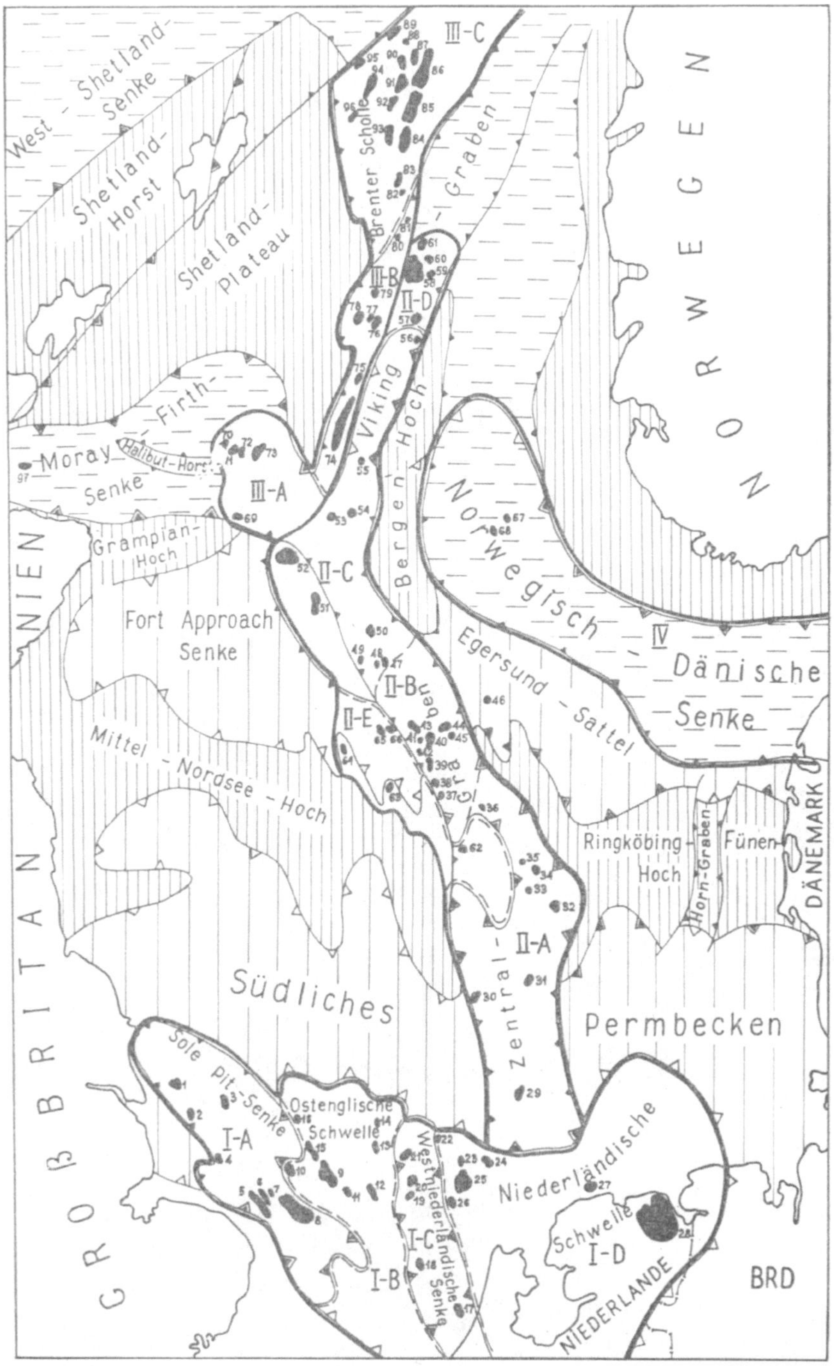

Abb. 1. Schema der Erdöl-erdgasgeologischen Rayonierung des Nordsee-Aquatoriums

Zusammengestellt nach DUNN (1975), ZIEGLER (1975), WATSON & SWANSON (1975) und KING (1976)

1 – Umgrenzung der wichtigsten Strukturen paläozoischen Alters (in einigen Fällen durch Brüche bzw. Flexuren gegeben); 2 – Grenzen für Strukturen mesozoischen Alters; 3 – wichtigste Erdöl-Erdgaslagerstätten mit Ordnungszahl:
1 – Rough, 2 – Amethyst, 3 – West Sole, 4 – Dudgeon, 5 – Hewett, 6 – Dotty, 7 – Debora, 8 – Leman, 9 – Indefatigable, 10 – Broken Bank, 11 – Sean, 12 – K-13, 13 – K-7, 14 – K-4, 15 – Viking, 16 – Ann, 17 – Q-11, 18 – P-6, 19 – K-14, 20 – K-11, 21 – K-8, 22 – K-6, 23 – L-7, 24 – L-8, 25 – L-10/L-11, 26 – L-13, 27 – Amsland, 28 – Groningen, 29 – F-18, 30 – F-4, 31 – F-3, 32 – Dan, 33 – N, 34 – E, 35 – H, 36 – Q, 37 – Hod, 38 – Valhall, 39 – Eldfisk, 40 – Ekofisk, 41 – West Ekofisk, 42 – Edda, 43 – Albuskjell, 44 – Tor, 45 – South East Tor, 46 – 2/3, 47 – Cod, 48 – 23/27, 49 – 23/26, 50 – Lomond, 51 – Montrose, 52 – Forties, 53 – Andrew, 54 – Maureen, 55 – Sleipner, 56 – 25/11, 57 – Heimdal, 58 – Frigg, 59 – East Frigg, 60 – South East Frigg, 61 – Odin, 62 – A/6, 63 – Argyll, 64 – Auk, 65 – Josephine, 66 – Flyndre, 67 – Bream, 68 – Brisling, 69 – Buchank, 70 – Claymore, 71 – 14/20, 72 – Tartan, 73 – Piper, 74 – Brae, 75 – Crawford, 76 – Beryl, 77 – 9/13, 78 – 9/12, 79 – Bruce, 80 – 3/29, 81 – 3/25, 82 – 3/19, 83 – Alwyn, 84 – South Brent, 85 – Brent, 86 – Statfjord, 87 – Murchison, 88 – 211/13, 89 – Magnus, 90 – Thistle, 91 – Dunlin, 92 – Hutton, 93 – Ninian, 94 – Cormorant, 95 – Tern, 96 – Heather

4 – Grenzen der Erdöl-Erdgasgebiete: I – gasführendes Gebiet des südlichen Permbeckens, II – Erdöl-Erdgasgebiet des Zentralgrabens und des Vikinggrabens, III – Erdöl-Erdgasgebiet der Brenter Scholle und der Moray-Firth-Senke, IV – perspektives Erdöl-Erdgasgebiet der Norwegisch-Dänischen Senke
5 – Grenzen der Erdöl-Erdgasbereiche (Rayons): IA – Sole Pit, IB – Ost-England, IC – West-Niederlande, ID – Niederlande, IIA – Dan, IIB – Argyll, IIC – Ekofisk, IID – Forties, IIE – Frigg, IIIA – Brent, IIIB – Brae, IIIC – Piper
6 – vorwiegend nichthöffige Flächen; 7 – vorwiegend wenig höffige Flächen; 8 – Flächen mit unklarer Höffigkeit

Steinsalzlagen zwischengeschaltet sind. Am Südrand des Beckens bestehen die Saxonablagerungen vorwiegend aus fluviatil-äolischen Sandsteinen. Diese besitzen eine große praktische Bedeutung, da sie über gute Speichereigenschaften verfügen.
Im Südteil des Aquatoriums sinkt die Achse des Saxonbeckens generell nach E ab; in gleicher Richtung nehmen die Mächtigkeiten des salinar-terrestrischen Komplexes von 200 bis 300 m (an der Küste Englands) auf 900 bis 1 000 m (in der Deutschen Bucht) zu. Die terrigenen Rotsedimente im nördlichen Permbecken erreichen Mächtigkeiten bis zu 500 m und mehr.
Der Strukturplan des Saxons läßt sich aus der Teufenlage der Oberfläche dieser Schichtenfolge ableiten. Das am tiefsten abgesunkene (6 km und mehr), von Brüchen begrenzte Gebiet, der Zentralgraben, erstreckt sich in submeridionaler Richtung zwischen den Hochgebieten von Ringköbing-Fünen und der Mittelnordsee. Zwei weniger tiefe Depressionen (3,5 bis 5 km), die Ostenglische und die Nordwestdeutsche liegen südlich dieser Hochgebiete und werden durch die Ostenglische und die Niederländische Paläoschwelle getrennt. Nördlich der Hochgebiete Ringköbing-Fünen und Mittelnordsee befindet sich eine große Depression, die aus zwei Teilen, der Dänischen Senke im E und der Senke von Fort Approach im W, besteht.
Die fast im gesamten Aquatorium, mit Ausnahme des Ringköbing-Fünen-Hochs, verbreiteten Zechsteinbildungen lagern ohne merkliche Diskordanz auf den Saxonschichten. Im Randbereich des Zechsteinbeckens sowie auf dem Hochgebiet der Mittelnordsee bestehen die Ablagerungen des Zechsteins aus terrestrisch-karbonatisch-sulfatischen Bildungen. In den zentralen Beckenbereichen ist eine karbonatisch-sulfatisch-salinare, zyklisch aufgebaute Folge mit mächtigen Steinsalzeinlagerungen

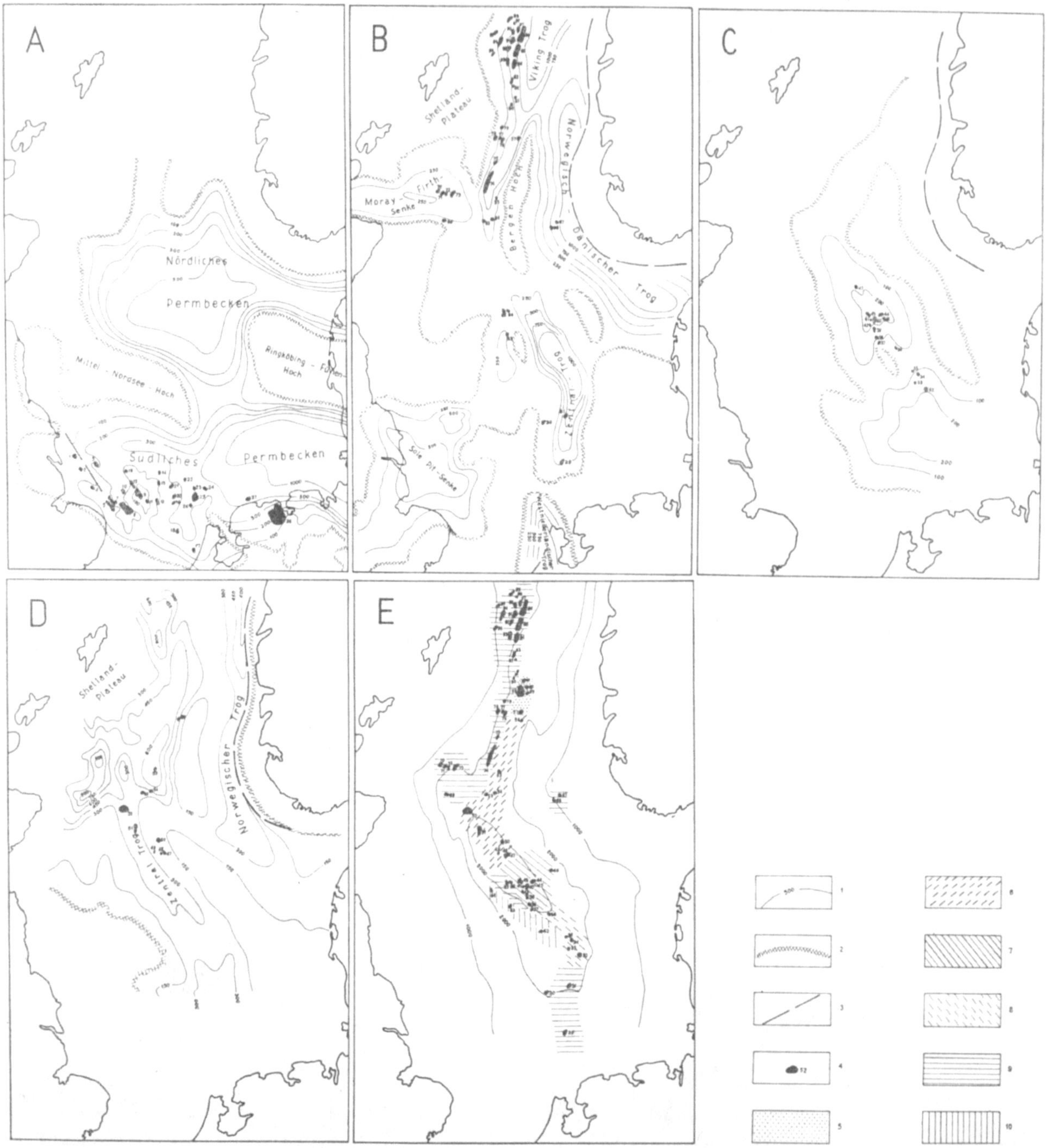

Abb. 2. Schema der Mächtigkeitsverteilung der wichtigsten produktiven Folgen im Nordseeaquatorium

A – Rotliegendes, B – Jura, C – Dan, D – Paläozän, E – Känozoikum zusammengestellt nach Unterlagen von DUNN (1975), MARIE (1975) und ZIEGLER (1975)
1 – Isopachen in m; 2 – Grenzen des Ausstreichens bzw. einer starken Mächtigkeitsreduzierung; 3 – große Brüche; 4 – Erdöl-Erdgaslagerstätten mit Ordnungszahl (Abb. 1); 5 bis 10 – Zonen mit nachgewiesener Erdöl-Erdgasführung in den Sedimenten des 5 – Eozäns, 6 – Paläozäns, 7 – Dans, 8 – Maastrichts, 9 – Juras, 10 – Perms

ausgebildet. Der Salinarkomplex folgt im regionalen Rahmen dem Strukturplan des Saxons. Die primäre Zechsteinmächtigkeit wird im Beckentiefsten auf 1 km geschätzt. Auf den Hochgebieten von Ringköbing-Fünen und der Mittelnordsee sowie den höher gelegenen Rändern des Zechsteinbeckens, wo primär reduzierte Mächtigkeiten vorliegen, ist einfacher Schichtenbau mit einzelnen lokalen Hebungen und schwach ausgeprägter Salztektonik zu beobachten. Wesentlich komplizierter ist der Zechstein in den tief abgesunkenen Bereichen aufgebaut, wobei die strukturelle Differenzierung infolge Halokinese mit der Lagerungstiefe zunimmt. Im maximal abgesunkenen Bereich des Zentralgrabens sind steil aufgerichtete Salzmassive vom Typ der „Salzmauern" ausgebildet.

Die dem Zechstein konkordant auflagernden Folgen der Trias nehmen einen großen Teil des Nordseeaquatoriums ein. Buntsandstein und Keuper bestehen vorwiegend aus bunten, kontinentalen Sedimenten mit Einlagerungen von Karbonaten und Halit in den hangenden Profilteilen. Der Muschelkalk nimmt eine im Vergleich zur Unteren und Oberen Trias geringere Fläche ein und setzt sich vorwiegend aus marinen karbonatischen Bildungen mit zwischengeschalteten salinaren Serien zusammen.

Im S des Aquatoriums lassen sich über große Gebiete zwei Sandsteinhorizonte im Buntsandstein verfolgen (Hewett und Bunter), die Bereiche mit günstigen Speichereigenschaften aufweisen. Maximale Mächtigkeiten, größer als 2 km, erreichen die triassischen Ablagerungen im S des Zentralgrabens. Damit setzt sich in der Trias postum die Weiterentwicklung einiger Strukturen des permischen Bauplans fort. Das bezieht sich neben dem Zentralgraben auch auf die Hochgebiete der Mittelnordsee und von Ringköbing-Fünen. In der Trias werden, zum Teil an Brüchen, aber auch neue Strukturelemente mit vorwiegend submeridionalem Streichen angelegt. So gestaltet sich z. B. der Bau des Ringköbing-Fünen-Hochs durch die Anlage des Horngrabens komplizierter. Es entstehen Zonen beschleunigter Absenkung sowohl innerhalb des Südbeckens (Westniederländische Senke, Sole-Pit) als auch des Nordbeckens (Viking, Norwegisch-Dänische Zone). Diese Depressionen werden von Hebungen bzw. Bereichen verminderter Absenkung begrenzt. Dazu gehören die Bergenschwelle und das Shetlandplateau, die den Vikinggraben begrenzen.

Die jurassische Entwicklungsetappe begann mit der Rät-Lias-Transgression. Im Jura setzt sich eine intensive Sedimentation in den Gräben und Trögen fort, deren Achsen sich meist noch von der Trias herleiten (Abb. 2). Dazu gehören der Zentrale, der Norwegisch-Dänische, der Westniederländische und der Sole-Pit-Trog. In jurassischer Zeit bildet sich im N des Aquatoriums die Senke von Moray-Firth heraus, die in ihrem Zentralteil durch den Halibuthorst unterbrochen wird.

Die jurassischen Ablagerungen bestehen aus dunklen, vorwiegend klastischen Gesteinen, wobei Tone vorherrschen. Die an organischer Substanz reichen Kimmeridgetone werden als Erdölmuttergesteine angesehen. Die Gesamtmächtigkeit des Juras erreicht in den Trögen 1 bis 1,5 km. Die differenzierte Absenkung der einzelnen Schollen in der Nordsee führte zur gleichzeitigen Ablagerung von Tiefenwasserbildungen und ihren synchronen Schelf- und Kontinentalsedimenten. Zur letzteren gehören die Sandsteine der Serien Statford, Brent, Piper und Magnus, die sehr gute Speichereigenschaften besitzen. An große Störungszonen innerhalb des Juras ist das Auftreten von Effusiva gebunden. Das größte Verbreitungsgebiet dieser jurassischen Effusiva ist in der Senke von Moray-Firth bekannt; jurassische Basalte wurden weiter im Zentralgraben festgestellt.

Der Jura wird diskordant von terrigener Unterkreide überdeckt. Dabei ist in bestimmtem Umfang Postumität der Entwicklung des Strukturplans vom Jura zur Unterkreide zu bemerken. Maximale Mächtigkeiten der Unterkreide, größer als 1 km, befinden sich im Vikinggraben.

Die monotonen karbonatischen Folgen der Oberkreide mit einigen hundert Metern Mächtigkeit treten fast in der gesamten Nordsee auf. Eine Zunahme der Mächtigkeit auf über 1 km erfolgt in den Achsenbereichen der jurassischen Gräben, wodurch die postume Entwicklung der Hauptstrukturen unterstrichen wird. Im Südteil des Aquatoriums sind im Zentralgraben und im Westniederländischen Graben große Bereiche mit einer Mächtigkeitsreduzierung bzw. einem Fehlen der Oberen Kreide zu beobachten. Das hängt offensichtlich mit Inversionsbewegungen innerhalb dieser Strukturen zusammen. Kennzeichnend ist das Zusammenfallen dieser Bereiche mit Zonen erhöhter Mächtigkeit der Ablagerungen der Trias.

Gegen Ende der Oberkreide wurde das Becken stark eingeengt, und die Ablagerungen des Dans finden sich vorwiegend im Zentralgraben und in der Norwegisch-Dänischen Senke (Abb. 2). Hier wurden dichte, klüftige, kokkolithische Kalksteine von teilweise über 200 m Mächtigkeit abgelagert.

Die darüber folgenden Sedimente des Paläozäns bestehen vorwiegend aus sandig-tonigen Gesteinen sowohl mariner als auch ästuarischer (Delta-) Fazies. Die Ausbildung von mächtigen Sandsteinen im zentralen Beckenteil kann auf die Wirkung von Schlammströmen zurückgeführt werden. Hauptabtragungsgebiete des sandigen Materials waren das Shetlandplateau, das Bergenhoch und der Baltische Schild. Die paläozänen Sandsteine verfügen über gute Speichereigenschaften, die gleichaltrigen Tone enthalten große Mengen organischen Materials und werden als Erdölmuttergesteine angesehen. Die größten Mächtigkeiten des Paläozäns (größer 600 m) wurden im Ostteil der Moray-Firth-Senke und im Vikinggraben ermittelt.

Die untereozänen Ablagerungen, bestehend aus klastischen terrestrischen Gesteinen, füllen die tiefsten Senken aus, vor allem den Vikinggraben. Eine aktive Abtragung von klastischem Material konnte am Bergenhoch festgestellt werden. Dadurch bildete sich an ihrer Westflanke eine mächtige Sandsteinfolge (Frigg-Sandstein) mit guten Speichereigenschaften. Die darüber lagernden Paläogensedimente sind als monotone marine Tone ausgebildet. Im Oligozän verlagerte sich das Senkungszentrum aus dem Viking- in den Zentralgraben. Das nachfolgende Neogen besteht ebenfalls vorwiegend aus marinen Tonen, doch ist erneut eine Zufuhr klastischen Materials vom Bergenhoch in den Vikinggraben spürbar.

Insgesamt bilden die tertiären Ablagerungen des Nordseeaquatoriums eine große aufgeprägte, subsequente Struktur mit einer Absenkungsamplitude bis zu 3800 m (Abb. 2). Die Absenkungsachse hat eine submeridionale Richtung entsprechend der Lage des mesozoischen Grabensystems (Viking- und Zentralgraben) und verläuft zwischen dem Shetlandplateau und dem Bergenhoch im N sowie den Hochgebieten der Mittelnordsee und von Ringköbing-Fünen im S.

2. Erdöl-Erdgasführung

In allen lithologisch-stratigraphischen Komplexen des Nordseeaquatoriums wurden Lagerstätten bzw. zahlreiche Vorkommen von Kohlenwasserstoffen nachgewiesen. Die Lagerstättenverteilung zeigt im Profil und in der Fläche bestimmte Gesetzmäßigkeiten. Es wurde eine Bindung einzelner Lagerstättengruppen der Kohlenwasserstoffe an einige strukturelle Großelemente der Nordsee festgestellt, woraus sich Zonen mit erhöhter Vorratsdichte an Erdöl und Erdgas ableiten. Der Charakter der Strukturelemente und ihre Erdöl-Erdgasführung ändert sich von S nach N. Dabei lassen sich das gasführende Gebiet des Südlichen Permbeckens, das Erdöl-Erdgasgebiet des Viking- und Zentralgrabens, das Erdöl-Erdgasgebiet der Brentscholle und der Moray-Firth-Senke sowie das erdölergashöffige Gebiet der Norwegisch-Dänischen Senke ausscheiden.

Das gasführende Gebiet des Südlichen Permbeckens (I)

Die gewinnbaren Vorräte des Südlichen Permbeckens betragen nach gegenwärtigen Einschätzungen 1,16 Bill. m³. Daneben wurden in den unmittelbar südlich angrenzenden Teilen des Festlandes nochmals 2,34 Bill. m³ Erdgas erkundet, so daß die gewinnbaren Gesamtvorräte dieses Gebiets etwa 3,5 Bill. m³ Erdgas umfassen.

Mehr als 95% aller Gasvorräte sind an das sedimentäre Rotliegende gebunden, das am gesamten Südrand des Beckens gasführend angetroffen wurde. Die beträchtliche Gasführung dieses Beckenteils wird durch eine Reihe günstiger Kriterien verursacht: Auftreten unterlagernder gasgenerierender kohlehaltiger Gesteine des Oberkarbons; Ausbildung eines Gürtels fluviatil-äolischer Sandsteine im Rotliegenden mit günstigen Speichereigenschaften; Bildung mehrerer großer, alt angelegter Strukturelemente im Subsalinar am Südrand des Beckens; Ausbildung einer salinaren Abdeckung (Zechstein), die das Subsalinar meist sicher abschirmt. In den Randbereichen des Beckens ist bei karbonatisch-sulfatischer Entwicklung und tektonischer Zerrüttung des Zechsteinsalinars das Gas aus dem subsalinaren Rotliegenden teilweise in Speichergesteine des Buntsandsteins eingedrungen und hat hier ebenfalls bedeutende Gaslager gebildet.

Die Lagerstättenverteilung in Verbindung mit den Besonderheiten des geologischen Baus ermöglicht es, in diesem Gebiet vier gasführende Bereiche auszugliedern: Sole Pit, Ostengland, Westliche Niederlande, Niederlande.

Der gasführende Bereich Sole Pit (I—A)

gehört zur Senke gleichen Namens und fällt zusammen mit einem Bereich inversiver spätmesozoischer (oder präkänozoischer) tektonischer Bewegungen (Abb. 3, Profil F; Abb. 4). Zu diesem Gebiet gehören die Erdgaslagerstätten Leman, Rough, Amethyst, West-Sole, Dudgeon, Dotty, Hewett, Debora und eine Reihe anderer kleiner Lager. Alle Lagerstätten liegen in Antiklinalstrukturen der Rotliegendablagerungen oder in den darüber befindlichen Zechstein- und Buntsandsteinbildungen. Die Lokalstrukturen zeigen ebenso wie die sie komplizierenden zahlreichen tektonischen Störungen N—S-Streichen. In gleicher Richtung erstrecken sich die Salzstrukturen sowie

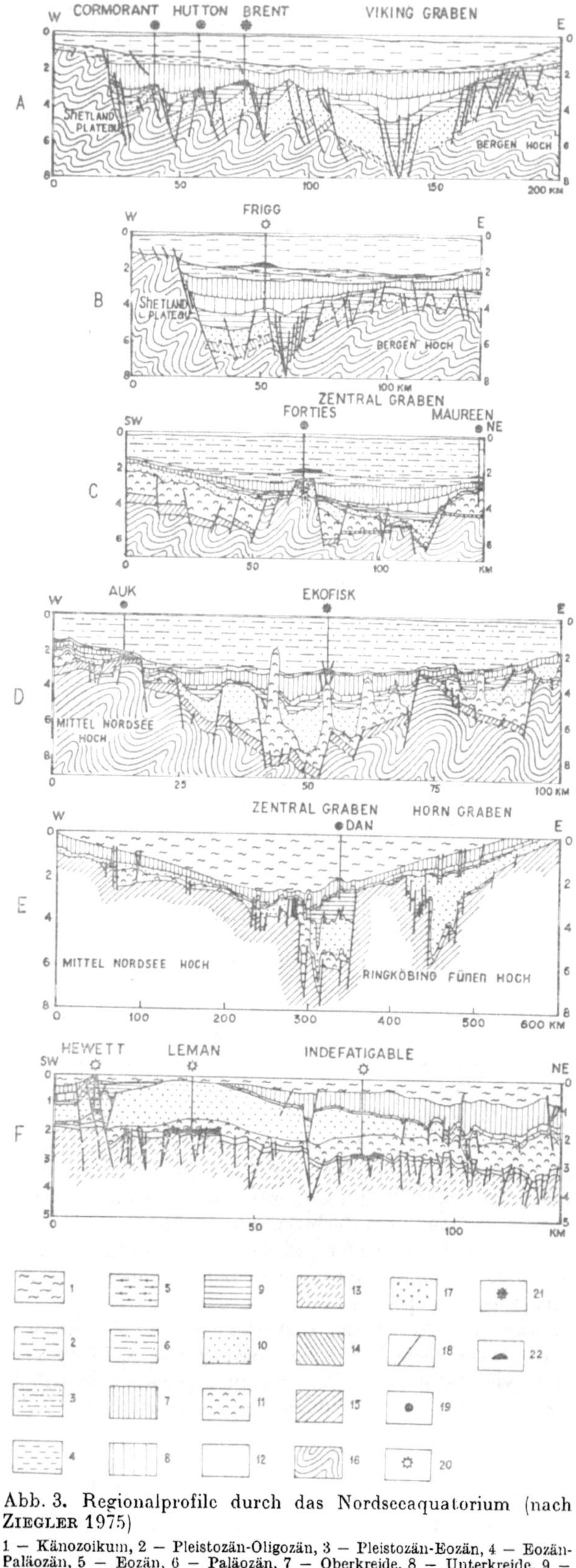

Abb. 3. Regionalprofile durch das Nordseeaquatorium (nach ZIEGLER 1975)

1 — Känozoikum, 2 — Pleistozän-Oligozän, 3 — Pleistozän-Eozän, 4 — Eozän-Paläozän, 5 — Eozän, 6 — Paläozän, 7 — Oberkreide, 8 — Unterkreide, 9 — Jura, 10 — Trias, 11 — Zechstein, 12 — Rotliegendes, 13 — Karbon, 14 — Perm-Devon, 15 — Rotliegendes-Devon, 16 — Fundament, 17 — Effusiva, 18 — Brüche, 19 — Erdöl, 20 — Erdgas, 21 — Erdöl und Erdgas, 22 — Kohlenwasserstofflagerstätten

die Zone der Inversionshebungen insgesamt. Das Übereinstimmen der rezenten regionalen Pläne aller Strukturebenen läßt vermuten, daß die Bildung der subsalinaren Lokalstrukturen relativ spät beendet war (Inversionsetappe). Die Strukturen haben vorwiegend geringe Amplituden (100 bis 200 m). Gaslager des Rotliegenden wurden in 2300—2700 m Tiefe, des Zechsteins und der Trias in 900 bis 1800 m Tiefe nachgewiesen. Die Strukturen sind fast vollständig mit Gas gefüllt. Charakteristisch ist, daß sich die vorratsmäßig größte Lagerstätte des Gebiets, Leman (Abb. 4), in einer spezifischen geotektonischen Situation, im Grenzbereich zweier tektonischer Großelemente — der Sole-Pit-Senke und der Ostenglischen Schwelle — bildete. Die in dieser Lagerstätte bis jetzt nachgewiesenen Vorräte betragen rund 340 Mrd m³, das erdgasführende Stockwerk im Saxonsandstein ist 240 m mächtig (Tab. 1).

Der Ostenglische Erdgasbereich (I—B)

ist an eine relative Hochlage der Rotliegendoberfläche gebunden, die sich zwischen zwei Zonen aktiver mesozoischer Absenkung (Sole-Pit-Senke und West-Niederländische Senke) erstreckt. Hier sind Lagerstätten mit relativ großen Vorräten ausgebildet. Dazu gehören Indefatigable (bis 225 Mrd. m³ Erdgasvorräte), Viking (115 bis 140 Mrd. m³), Broken-Bank und K-13.

Neben dem Rotliegenden sind auch die Ablagerungen der Trias (Lagerstätte K-7) und des Oberkarbons (K-4) gasführend. Die Lagerstätten sind an Antiklinalstrukturen gebunden, die ähnliche Besonderheiten wie die Strukturen der Sole-Pit-Senke aufweisen, doch haben die Strukturen hier eine wesentlich größere Amplitude (Indefatigable 400 m, Viking 300 m). In einigen Fällen sind die Lagerstättenflanken sehr kompliziert aufgebaut. So wurden z. B. bei der Lagerstätte Viking bei unterschiedlichen tektonischen Schollen sechs Niveaus des Speicherhorizonts (von 2761 m bis 3091 m) festgestellt. Die an den Topbereich der Ostenglischen Paläohochlage gebundene größte Lagerstätte des Bereichs, Indefatigable, liegt im Rotliegendsandstein in 2300 bis 2700 m Tiefe, die effektiven Mächtigkeiten der Speicher schwanken zwischen 15 und 128 m. Mit den ersten Bohrungen wurden Zuflüsse bis 780000 m³/d erzielt.

Der Westniederländische Erdgasbereich (I—C)

gehört zur gleichnamigen Depression und hat eine minimale Konzentration von Erdgasvorräten. Hier wurden vorwiegend kleinere Lagerstätten in der Trias, im Zechstein und Rotliegenden nachgewiesen.

Der Niederländische Erdgasbereich (I—D)

ist an eine ausgedehnte subsalinare Hochlage gebunden und gehört den Vorräten nach zu den wichtigsten Gebieten Westeuropas, da hier an der Küste der Niederlande die gigantische Lagerstätte Groningen (1,85 Bill. m³ Erdgasvorräte) liegt. Der Lagerstättenbau wurde mehrfach in der Literatur beschrieben. Im Vergleich zu den westlicher liegenden Gebieten ist im Feld Groningen eine Veränderung der Gaszusammensetzung des Rotliegenden festzustellen, das Erdgas enthält 85% Kohlenwasserstoffe (darunter 3% schwere), 14% Stickstoff und 1% CO_2.

Das Erdöl-Erdgasgebiet des Zentralgrabens und Vikinggrabens (II)

Innerhalb dieses Gebiets wurden bis jetzt etwa 1 Mrd. t gewinnbarer Erdölvorräte und 650 Mrd. m³ Erdgas erkundet. Die Mehrzahl der Vorräte ist an Ablagerungen des Dans, des Paläozäns und des Eozäns gebunden. Die produktiven Areale dieser Horizonte stimmen im Strukturplan nicht überein, was durch die Besonderheiten der Bildung und Flächenverteilung der Speicherhorizonte in den produktiven Folgen bedingt ist. Ein großer Teil des Erdöl-Erdgasgebiets zeichnet sich durch die Entwicklung salinarer Ablagerungen des Zechsteins und das Auftreten von Salzstöcken aus. Die durch die Halokinese geschaffenen Strukturen und die Hochlagen in den angehobenen Schollen der vom Zechstein freien Gebiete bilden die Fallen für Erdöl und Erdgas.

Nach den Besonderheiten des geologischen Baus und den

Zeitschrift für angewandte Geologie, Bd. 23 (1977), Heft 10

Tab. 1. Parameter von Erdgaslagerstätten der Nordsee

Lagerstätten	Porosität in %		Permeabilität in md		Fördermenge in Tm³/d je Sonde	Schichtdruck kg/cm²	Gaszusammensetzung	
	von—bis	⌀	von—bis	⌀			CH_4	C_nH_{2n+2}
Frigg	—30	—	—2		500—1000	—	97,5	2,5
Leman	10—20	14	4—1000	60	250—2800	206	95,5	3,57
West Sole	—	15	1	—	285	289	94,5	4,0
Hewett	—	21,4	—	1310	—	—	92,1	5,4
Indefatigable	9,3—21,6	15	0,1—2000	—	780	292	98,0	—

Tab. 2. Parameter von Erdöllagerstätten der Nordsee

Lagerstätten	Porosität in %		Permeabilität in md		Fördermenge der Sonden t/d	Dichte	Schwefel-gehalt	Gasanteil m³/t
	von—bis	⌀	von—bis	⌀				
Dan	25—30	28	0,1—2000	0,5	100—400	0,8762	0,29	122
Ekofisk	10—30	—	1—12	—	—	0,845	0,25	337
Forties	25—30	—	0,1—3900	—	bis 2000	0,8389	0,5	50—70
Montrose	—	22	1,2—39	—	330	0,8251	—	90—122
Argyll	5—18	—	—	—	1500	0,8348	0,25	62
Piper	22—27	23,5	150—10000	—	2000	0,8448	—	94
Brent	7—37	—	5000—8000	—	600—900	0,845	0,11 bis 0,36	200—600

Bedingungen der Erdöl-Erdgasführung kann das Gebiet in die Bereiche Dan, Ekofisk, Forties, Frigg und Argyll unterteilt werden.

Der Erdöl-Erdgasbereich Dan (II—A)

umfaßt den Südteil des Zentralgrabens (Abb. 3, Profil E; Abb. 5). Eine Charakteristik weiterer Lagerstätten ist aus Tab. 2 ersichtlich.

Der Graben weist hier eine intensive Salztektonik auf, die zur Bildung zahlreicher Salzstockstrukturen mit unterschiedlichem, doch gewöhnlich sehr hohem Aufstiegsniveau führte. Erdöl-erdgasproduktive Horizonte befinden sich in den Ablagerungen des Juras und im Maastricht bis zum Dan. Industriell verwertbare Zuflüsse (bis zu 575 t/d) aus dem Jura sind jedoch nur im S des Bereichs (Strukturen F 3, F 4, F 18 im Niederländischen Sektor) erzielt worden. Diese Lagerstätten enthalten sowohl leichte als auch schwere Öle.

Aus den jurassischen Ablagerungen der Strukturen M, Q und N (Dänischer Sektor), im N des Bereichs traten nur industriell nicht verwertbare Zuflüsse auf. Die Hauptförderhorizonte sind hier an karbonatische Speicher der Oberkreide gebunden, mit Erdöl auf den Strukturen M und T sowie Erdgas auf den Strukturen E und H (alle im Dänischen Sektor). Nach den vorliegenden Angaben enthalten jedoch alle Lagerstätten dieses Bereichs nur kleine Vorratsmengen, mit Ausnahme der Lagerstätte Dan auf der Struktur M, deren Vorräte auf 5,5 bis 14,5 Mill. t geschätzt werden. Diese Struktur stellt einen Salzstock mit tief liegendem Salzkern dar. Das Suprasalinar wurde angehoben, so daß sich an der Oberfläche der Danstufe eine kreisförmige Struktur von etwa 8 × 6 km ergab. Die Ablagerungen des Dans wurden im Scheitelbereich bei etwa 1800 m angetroffen. Das Einfallen der Flanken beträgt 3 bis 5°. In SW—NE-Richtung wird die Struktur von einer Verwerfung mit einer Amplitude bis zu 200 m durchquert. Daneben treten noch mehrere kleinere tektonische Störungen auf. Die Gesamtmächtigkeit des Speichers, der aus klüftigen Kokkolithkalken besteht, beträgt 285 m, davon gehören 245 m zum Maastricht und 45 m zum Dan.

Der Erdöl-Erdgasbereich Ekofisk (II—B)

liegt unmittelbar nördlich des Bereichs Dan im tiefsten Teil des känozoischen Beckens. Hier erreicht die Danstufe maximale Mächtigkeiten (> 200 m) und ist der Hauptförderhorizont des Bereichs. An sie sind 11 nachgewiesene Erdöl-Erdgaslagerstätten (im Norwegischen Sektor) gebunden, die als „Groß-Ekofisk" bezeichnet werden. Alle Lagerstätten liegen in einer ausgedehnten Hochlage der Danstufe, die SE—NW streicht. Diese Hochlage entspricht offenbar einem Salzrücken mit mehreren Tops.

Die Danablagerungen gelangten im Präpaläozän unter den Einfluß von Karstbedingungen, wodurch sich in der Karbonatfolge Speicher mit sekundärer Porosität bildeten. In den meisten Fällen lagern die Salzmassive des Bereichs Ekofisk sehr tief und haben die Dankalksteine lediglich aufgewölbt, so daß Hochlagen mit 100 bis 250 m Amplitude entstanden (Abb. 3, Profil D). Die Oberfläche der Dankalksteine sinkt innerhalb der Großstruktur Ekofisk von S nach N von 2400 bis 2500 m bis auf 3100 bis 3200 m ab. Die Mächtigkeit der produktiven Folge schwankt von 100 m (Edda) bis 213 m (Thor). Die effektive Mächtigkeit der Speicherhorizonte ist gewöhnlich um 20 bis 30 m kleiner, da eine schwachdurchlässige teilende Schicht zwischengeschaltet ist.

Im Bereich Ekofisk wurden vorwiegend Erdöllagerstätten mit Gaskappen angetroffen, die auch Kondensat enthalten. Bei einigen Strukturen kam es auch zu industriell verwertbaren Zuflüssen aus dem Jura (Ekofisk, Eldfisk). Die gewinnbaren Gesamtvorräte des Bereichs „Groß-Ekofisk" betragen ca. 310 Mill. t Erdöl und Kondensat sowie 160 Mrd. m³ Erdgas. Mehr als die Hälfte dieser Vorräte gehört zur Lagerstätte Ekofisk. Diese liegt an einer submeridionalen Salzstruktur von 12 km Länge und bis zu 7,2 km Breite. Der Strukturscheitel an der Oberfläche der Dankalksteine liegt bei 3060 m Tiefe und besitzt zwei durch einen Graben getrennte Tops.

Die Speichereigenschaften sind in der Vertikalen und Horizontalen stark veränderlich. In klüftigen Varietäten erreicht die Porosität 30%, die Permeabilität 10 bis 12 md. Bei dichten Varietäten sind diese Werte nicht größer als 10% und 1 md.

Der Erdöl-Erdgasbereich Forties (II—C)

erfaßt den Nordteil des Zentralgrabens und den Südostteil des Vikinggrabens. Hier wurden die Lagerstätten Forties, Montrose, Lomond, Maureen, Cod, Sleipner u. a. erkundet. Hauptförderhorizont sind die paläozänen Codsandsteine. Untergeordnete Bedeutung haben Erdöllager in jurassischen Sandsteinen und (im südlichen Teil des Bereichs) Dankalksteinen.

Die Halokinese ist hier nicht der einzige strukturbildende Faktor. Auf die Bildung von Fallen in den paläozänen Ablagerungen nahm die ungleichmäßige Kompaktion der Sandlinsen und der sie umgebenden tonig-schluffigen Folgen über den Toplagen der Salzstrukturen einen wesentlichen Einfluß (z. B. Lomond und Maureen im britischen Sektor). Ein weiterer strukturbildender Faktor war die Aktivierung von Schollenbewegungen im Mitteleozän/Oligozän und teilweise Miozän. Dadurch bildeten sich über den emporgehobenen Schollen Brachyantiklinalen. Zu einem derartigen Strukturtyp gehören die Lagerstätten Forties und Montrose, die sich in einer großen horstartigen Erhebung im Nordwestteil des Zentralgrabens befinden (Abb. 3, Profil C).

Die Lagerstätte Forties (britischer Sektor) ist die größte in diesem Bereich. Die geologischen Erdölvorräte werden auf 600 Mill. t geschätzt, die gewinnbaren Vorräte betragen 240 Mill. t. Die paläozänen Sedimente haben eine Mächtigkeit bis zu 500 m und lagern in 2000 m Tiefe. Die oberen 25 bis 30 m bestehen aus schluffigen Tonen und wirken als Abdeckung. Der darunter befindliche Speicherhorizont hat eine Mächtigkeit bis zu 300 m, die effektive Mächtigkeit beträgt 35 bis 125 m. Die Förderleistungen einzelner Sonden erreichen 2000 t/d. Da keine Gassättigung vorliegt, fehlt auch eine Gaskappe.

Die Lagerstätte Montrose (britischer Sektor) gehört zu einer weitläufigen paläozänen Struktur. Die Paläozänsandsteine haben hier Mächtigkeiten bis 122 m, die effektive Speichermächtigkeit beträgt im Mittel 18 m. In der Lagerstätte sind 20 bis 25 Mill. t Vorräte enthalten.

Die Lagerstätte Cod (Norwegischer Sektor) liegt im S des Bereichs und befindet sich auf einem Salzstock gleichen Typs wie Ekofisk. Das Feld umfaßt mehrere kleine Lagerstätten mit hohen Förderraten in den Dankalksteinen. Wichtig ist hier jedoch vor allem eine Gaskondensatlagerstätte in den Paläozänsandsteinen mit gewinnbaren Vorräten von 20 Mrd. m³ Gas und 5 Mill. t Kondensat oder Leichtöl (Reindichte 0,7735). Zum gleichen Salzstock gehört offenbar auch eine Erdöllagerstätte in den oberjurassischen Sandsteinen, die im britischen Block 23/27 erschlossen wurde und 620 t/d Erdöl mit einer Reindichte von 0,8251 liefert.

Auch auf den britischen Strukturen Andrew und Maureen wurden kleinere Erdöllager in den jurassischen Sedimenten festgestellt, doch betragen die Förderleistungen nicht mehr als 120 t/d Erdöl aus diesen Sandsteinen, während die paläozänen Schichten derselben Lagerstätte 600 bis 1000 t/d liefern.

Der Erdöl-Erdgasbereich Frigg (II—D)

nimmt eine kleine Fläche im Südostteil des Vikinggrabens ein. Hier befinden sich die Erdöl-Erdgaslagerstätten Frigg, Heimdal und Odin. Die meisten Vorräte wurden in den untereozänen Friggsandsteinen nachgewiesen. Es wird angenommen, daß sich die eozänen Strukturen des Friggkomplexes infolge ungleichmäßiger Kompaktion bildeten. Gleichzeitig ist auf seismischen Profilen unter diesen Strukturen eine geneigte Hochscholle in den jurassischen und älteren Ablagerungen (Abb. 3, Profil B) zu erkennen. Die Verbreitung der in 1900 bis 2000 m Tiefe lagernden Friggsandsteine lehnt sich an den Nordwestrand des Bergenhochs an. Sie überdecken unmittelbar die geringmächtigen Codsandsteine und bilden mit ihnen einen einheitlichen Fazieskomplex von 40 bis 180 m Mächtigkeit.

Die Hauptlagerstätte des Bereichs Frigg umfaßt die Blöcke 25/1 und 30/10 des Norwegischen Sektors und Block 9/5 des Britischen Sektors. Östlich und nordöstlich davon wurde in den Blöcken 25/1 (E-Frigg), 25/2 (NE-Frigg) und 30/10 (Odin) auch eine wirtschaftlich nutzbare Gasführung nachgewiesen. Die strukturellen Wechselbeziehungen der Lagerstätten sind unklar. Nimmt man alle vier Strukturen als isoliert an, so betragen die gewinnbaren Vorräte (bei einem Ausbringungskoeffizienten von 0,8) etwa: Frigg 212 Mrd. m³, E-Frigg 40 Mrd. m³, NE-Frigg 30 Mrd. m³ und Odin 30 Mrd. m³.

Das Erdgas des Friggkomplexes hat eine hohe Qualität und enthält 97,5% CH_4 und 2,5% C_2H_6. Im liegenden Teil der Lagerstätten tritt Erdöl auf. Auf der Lagerstätte Frigg hat ein Teilfeld in seinem produktiven Bereich 10 m Mächtigkeit und enthält 164 Mill. t Erdöl mit einer Dichte von 0,916.

Einen analogen Aufbau zeigt die große Lagerstätte Heimdal, die im S des Bereichs liegt. Nach unterschiedlichen Schätzungen enthält diese Lagerstätte in den Eozänsandsteinen 60 bis 90 Mrd. m³ Gas und etwa 7 Mill. m³ Kondensat. Daneben besitzt die Lagerstätte ein Lager in jurassischen Sandsteinen in 3000 m Tiefe. Die effektive Mächtigkeit beträgt hier bis 60 m, der Öl-Wasser-Kontakt liegt bei 3100 m.

Der Erdöl-Erdgasbereich Argyll (II—E)

gehört zum Übergangsgebiet der Mittelnordseehochlage und des Zentralgrabens. Die Grenze zwischen diesen Elementen verläuft an einem kompliziert gestaffelten Bruchsystem. Dadurch entstehen an der Grenze schmale horstartige Schollen, innerhalb derer die paläozoische Oberfläche nach W einfällt und spezielle, nach N offene kleine Senken bildet. Diese Strukturen sind von Rotliegendsedimenten, geringmächtigem Zechstein, Trias, Jura und Unterkreide sowie Oberkreide ausgefüllt. Die Mächtigkeit der Horizonte nimmt nach E in Richtung auf die Scheitellagen der horstartigen Hebungen ab, wo sich die Strukturen an den Brüchen als Fallen für Kohlenwasserstoffe anboten.

Die Lagerstätten dieses Bereichs haben nur geringe Vorratsmengen. Hauptförderhorizont sind die klüftigen Zechsteinkarbonate (Lagerstätten Auk, Argyll, A-6). Erdölführend sind auch die Rotliegendsandsteine (Argyll) sowie Sandsteine der Trias und des Juras (Argyll, Josephine, Flyndre).

Die Lagerstätte Auk (Abb. 5) ist die nördlichste der in der Nordsee bekannten permischen Lagerstätten. Sie liegt im britischen Sektor 30/16 und gehört zu einer Horststruktur mit NW—SE-Streichen. Die Abmessungen der Struktur sind 8 × 2,5 km. Die Mächtigkeit des in 2330 m Tiefe lagernden produktiven Zechsteins beträgt 42 m; die geschätzten gewinnbaren Vorräte sind in der Höhe von 7 Mill. t anzugeben.

Die Lagerstätte Argyll (Abb. 5) wird von drei Seiten durch Verwerfungen begrenzt und besitzt eine Lagerstättenfläche von 7 × 3 km. Die Sedimente des Zechsteins und Rotliegenden sind in 2662 m bis 2940 m Tiefe erdölführend. Der Öl-Wasser-Kontakt liegt in den einzelnen Schollen sehr unterschiedlich. Die Mächtigkeit der klüftigen Zechsteindolomite beträgt 9 bis 31 m, ihre Porosität 5 bis 18%. Das Erdöl aus dem Zechstein hat die Reindichte 0,8348, es enthält 0,25% Schwefel und bis 6% Paraffine. Der Gasanteil beträgt 62 m³/t. Die Erdölzuflüsse liegen bei 1500 t/d. Die Rotliegendsandsteine haben geringere Fördermengen (bis 700 t/d), ein schweres (0,9550) und weniger gasgesättigtes (30 m³/t) Erdöl. Die jurassischen Sandsteine, die als Linsen bis 7 m Mächtigkeit den Zechsteindolomiten unmittelbar auflagern, sind ebenfalls erdölführend. Die gewinnbaren Erdölvorräte werden mit 4 bis 10 Mill. t angegeben.

In der Lagerstätte Josephine (britischer Sektor, Block 30/13) ist die Erdölführung an geringmächtige Linsen triassischer und jurassischer Sandsteine gebunden, die das Rotliegende bei ca. 3750 m unmittelbar überdecken. Dabei kommen in einzelnen Blöcken nur jurassische oder nur triassische Speicher vor. Als Abdeckung dienen tonig-karbonatische Gesteine der Oberkreide.

4 km westlich der Bohrung 30/13-1 lieferte die Bohrung 1/5-2 im Feld Flyndre (Norwegischer Sektor) aus dem Jura Erdölzuflüsse von 475 t/d. Möglicherweise bilden Flyndre und Josephine eine einheitliche Lagerstätte, deren Erdölvorräte größer sind als in allen übrigen Lagerstätten dieses Bereichs.

Das Erdöl-Erdgasgebiet der Brenter Scholle und der Moray-Firth-Senke (III)

In diesem Erdöl-Erdgasgebiet sind die größten gewinnbaren Erdölvorräte konzentriert. Sie werden auf 2 bis 2,5 Mrd. t geschätzt. Daneben wurden weiter etwa 500 Mrd. m³ Erdgas erkundet. Produktiv sind in diesem Gebiet jurassische Sedimente. Die Fallen sind gewöhnlich an Blockstrukturen mit einer Flanke gebunden. Innerhalb des Gebiets lassen sich die drei Bereiche Piper, Brae und Brent ausgliedern.

Der Erdöl-Erdgasbereich Piper (III—A)

nimmt den Ostteil der E—W streichenden grabenförmigen Moray-Firth-Senke ein, an deren Rändern die jurassischen Sedimente unmittelbar den Old-Red-Sandsteinen auflagern. Im Zentrum der Senke wurden oberkarbonische Ablagerungen erschlossen, die von Anhydriten, Tonen und Dolomiten des Zechsteins mit 120 bis 600 m Mächtigkeit bedeckt werden. Die rotfarbenen Bildungen der Trias haben nur geringe Mächtigkeit und begrenzte Verbreitung. Unterjurassische Ablagerungen fehlen; der Mittlere Jura ist nur durch das Bath vertreten, in dessen Profilfolge neben Tonen auch Basaltlaven vorkommen. Die Mächtigkeit der Lavadecke beträgt etwa 30 m, erreicht jedoch an einigen Stellen auch 500 m. In solchen Fällen fehlt der sedimentäre Jura völlig. Die wichtigste produktive Folge des Bereichs bilden Ablagerungen der oberjurassischen Stufen Oxford und Kimmeridge, die als Sandsteine ausgebildet sind. Schluffige Tone des Oberen Kimmeridge, angereichert mit organischer Substanz, bilden eine gute Abdeckung. Mit scharfer Winkeldiskordanz folgen im Hangenden tonig-mergelige Sedimente der Kreide.

Die Lokalstrukturen der Moray-Firth-Senke werden von Hochlagen gebildet, die mit WNW- und NE-streichenden Störungen in Beziehung stehen. Bisher wurden 12 Lagerstätten mit Erdöl, Erdgas und Kondensat erkundet. Drei davon (Blöcke 15/22, 15/23, 20/5) sind nicht industriell. Vier Lagerstätten, und zwar die Blöcke 13/9 (Gaskondensat), 15/21, 15/27

und 21/2 (alle Erdöl) besitzen drei Förderhorizonte und gute Zuflüsse. So erbrachte z. B. die 1976 entdeckte Lagerstätte im Block 15/27 einen Zufluß von 1050 t/d Erdöl mit einer Reindichte von 0,8299. Jede Lagerstätte wurde jedoch bisher lediglich durch eine Sonde erschlossen und bedarf der weiteren Untersuchung.
Besser sind die Lagerstätten Claymore, Tartan und Buchan untersucht, wo mehrere Bohrungen abgeteuft wurden. Die gewinnbaren Vorräte der Lagerstätte Claymore werden auf etwa 50 Mill. t geschätzt. Die Vorräte von Tartan können noch etwas größer sein. Die Lagerstätte Buchan liegt am Südrand der Senke, wo die erdölführenden Sandsteine 465 m Mächtigkeit erreichen, wobei die liegenden Partien zum Devon gehören. Der Test eines 120 m-Intervalls in der Bohrung 1 erbrachte 2500 t/d Erdöl und eine geringe Menge Kondensat. Die Förderraten der nächsten Bohrungen waren unterschiedlich, woraus der Schluß gezogen werden kann, daß die Lagerstättenfläche nicht sehr groß ist.
Am besten untersucht ist die Lagerstätte Piper (Abb. 5). Sie enthält zwei Lager in unterschiedlichen tektonischen Schollen. Das Hauptlager hat eine Fläche von 32,5 km² und ein erdölführendes Stockwerk von 350 m. Der Öl-Wasser-Kontakt liegt bei 2595 m, die gewinnbaren Erdölvorräte betragen 85 Mill. t. Das Lager in der südlichen tektonischen Scholle hat den Öl-Wasser-Kontakt bei 2804 m und eine Fläche von mindestens 2,5 km. Vorräte wurden bisher nicht bekannt.
1976 wurde im westlichen Teil der Morey-Firth-Senke die Erdöllagerstätte 11/30 entdeckt, die entweder auf die Existenz eines weiteren Erdölgebiets oder auf eine Ausdehnung des Gebiets Piper hinweist.

Der Erdöl-Erdgasbereich Brae (II—IB)

befindet sich zwischen Vikinggraben und Shetlandplateau und ist als tektonische Scholle an einer Verwerfung gegenüber dem Achsenbereich des Grabens angehoben. Eine Besonderheit besteht hier im Auftreten unterjurassischer Sedimente, die im angrenzenden Vikinggraben erst in größerer Teufe angetroffen werden. Die unterjurassischen Statfordsandsteine bilden die produktive Hauptfolge dieses Bereichs; paläozäne Sandsteine haben geringere Bedeutung.
Die bekannteste Lagerstätte dieses Bereichs, Beryll, hat gewinnbare Erdölvorräte von 70 Mill. t mit einer Reindichte von 0,83. Die Zuflüsse einzelner Sonden erreichten 875 t/d. Der Gasanteil beträgt 200 m³/t. Weiter wurden 8 Erdgas-, Erdöl- bzw. Kondensatlagerstätten nachgewiesen. Die offenbar bedeutendsten sind Bruce, eine Lagerstätte im Block 9/12, Crawford und Brae. Brae ist wahrscheinlich die größte Lagerstätte dieses Bereichs. Sie besitzt eine mächtige (bis 300 m) Speicherfolge in 3650 m Tiefe, bestehend aus 7 Lagern. Der Erdölzufluß in der ersten fündigen Bohrung belief sich auf 3000 t/d. Der Gasanteil beträgt hier etwa 1000 m³/t. Nachfolgende Bohrarbeiten bestätigten die gigantischen Ausmaße der Lagerstätte. Ihre Länge mißt 50 km, die gewinnbaren Vorräte übersteigen nach vorsichtigen Schätzungen 160 Mill. t Erdöl und 100 Mrd. m³ Erdgas. Im Südteil der Lagerstätte wurde Erdöl auch in paläozänen Sandsteinen nachgewiesen.

Der Erdöl-Erdgasbereich Brent (III—C)

ist einzigartig in bezug auf die Vorratsdichte an Erdöl und wird deshalb manchmal als „Goldenes Dreieck" bezeichnet. Er gehört zur Scholle von Brent, die sich zwischen dem Shetlandplateau und dem axialen Bereich des Vikinggrabens befindet. Zahlreiche Brüche vorwiegend NE-Streichens teilen die Brenter Scholle in kleinere Schollen oder Stufen (Abb. 3, Profil A), die aus jurassischen und älteren Gesteinen aufgebaut sind. An den meisten Verwerfungen ist die östliche Scholle abgesunken, innerhalb der Teilschollen sind die jurassischen und älteren Gesteine nach W geneigt. Die störungsnahen, am höchsten liegenden Teile dieser Schollen wurden durch eine präkretazische Diskordanzfläche eingeebnet. Das Relief dieser Oberfläche wird durch unterkretazische Ablagerungen ausgeglichen, die die tiefsten Abschnitte ausfüllen. Die oberkretazischen und jüngeren Ablagerungen lagern sehr flach und sind fast nicht disloziert. An der Diskordanzfläche streichen Gesteine des Oberjuras bis Trias aus, die nach E mit 8 bis 10° ansteigen. Diese Strukturen kontrollieren die größten Erdöllagerstätten, wie z. B. Statfjord, Brent, Ninian u. a.
Die Erdöllager befinden sich in drei produktiven Horizonten. Der untere (Statfjord) hat Rät-Lias-Alter und ist in den Lagerstätten Statfjord, Brent und Alwyn erdölführend. Die Brentsandsteine (Dogger) sind im gesamten Bereich produktiv. Der dritte Horizont, die Magnussandsteine (Malm) sind im Nordteil des Bereichs erdölführend (Lagerstätte Magnus).
Am besten untersucht ist die Lagerstätte Brent (Abb. 5). Sie liegt im angehobenen Teil einer Scholle, die in meridionaler Richtung streicht und nach W einfällt. Im E wird die Scholle durch eine Verwerfung mit einer Amplitude bis 1800 m an der Basis der Kreidesedimente abgeschnitten. Der Hauptbruch wird von einer dazugehörigen, 200 m abgesunkenen Stufe sowie fiederartigen tektonischen Störungen mit vorwiegend E—W-Streichen und Amplituden bis 150 m begleitet.
Die produktiven Horizonte (Brent- und Statfjordsandsteine) haben 250 bis 260 m Mächtigkeit und fallen mit 8 bis 10° nach W ein. Im Scheitelbereich der Scholle werden sie von der präkretazischen Diskordanzfläche abgeschnitten.
Das Lager in den oberjurassischen Brentsandsteinen, das von E durch die Diskordanzfläche und im S und N durch Fiederbrüche abgeschirmt wird, hat den Öl-Wasser-Kontakt in 2760 m Tiefe. Das Gasstockwerk beträgt 79 m, das Erdölstockwerk 146 m.
In dem weiter östlich liegenden Lager in den unterjurassischen Statfjordsandsteinen wurde der Öl-Wasser-Kontakt bei 2970 m angetroffen, das erdöl-erdgas-führende Stockwerk ist hier 274 m mächtig, davon umfaßt die Gaskappe 142 m.
Die Erdölzuflüsse betragen in jedem Lager 600 bis 900 t/d pro Fördersonde. Die gewinnbaren Erdölvorräte (ohne Kondensat) werden von verschiedenen Autoren auf 200 bis 340 Mill. t geschätzt. Die Erdgasvorräte belaufen sich auf ca. 100 Mrd. m³.
Nördlich Brent befindet sich in nahezu gleicher tektonischer Position die gigantische Lagerstätte Statfjord, die anfangs als „Norwegische Brent" bezeichnet wurde. Erkundungsbohrungen wiesen aber nach, daß es sich hier um die größte Erdöllagerstätte der Nordsee handelt. Die Vorräte werden mit 530 Mill. t Erdöl und 150 Mrd. m³ Erdgas angegeben. Hauptförderhorizont sind die Statfjordsandsteine, ein großes Lager befindet sich auch in den Brentsandsteinen.

Das perspektivische Erdöl-Erdgasgebiet der Norwegisch-Dänischen Senke (IV)

Das Territorium der Norwegisch-Dänischen Senke weist einen relativ geringen Erkundungsgrad auf. Hier wurden zwei Erdöllagerstätten nachgewiesen: Bream und Brisling (beide im Block 17/2 des norwegischen Sektors). Die produktiven Horizonte befinden sich in mehr als 3000 m Teufe in präkretazischen (offenbar jurassischen) Ablagerungen und haben eine geringe Mächtigkeit. Die Zuflüsse in den Sonden überschritten nicht 130 t/d. Die Lagerstätten gehören zur nicht industriellen Kategorie.
Die Perspektivität der Norwegisch-Dänischen Senke wird als nicht groß bewertet, da nur geringmächtige Speicher- und Erdölmuttergesteine ausgebildet und ungünstige Paläotemperaturbedingungen anzunehmen sind.

Gesetzmäßigkeiten der Lagerstättenverteilung

Die erdöl-erdgasgeologische Rayonierung des Aquatoriums der Nordsee ermöglichte es, einige generelle Gesetzmäßigkeiten der Lagerstättenverteilung von Kohlenwasserstoffen festzustellen. Die Erdöl-Erdgasgebiete sind an die wichtigsten negativen geotektonischen Elemente der Nordsee gebunden: das Südliche Permbecken, den Zentralgraben und Vikinggraben, die Schollen (grabennahe Stufen) zwischen dem Shetlandplateau und dem Vikinggraben, die Moray-Firth-Senke und die Norwegisch-Dänische Senke. Die Scheitelbereiche der größten Hochlagen in der Nordsee (Mittlere Nordsee, Ringköbing-Fünen, Bergen) bieten dagegen nur geringe Perspektiven für die Erdöl-Erdgas-Suche.
Entsprechend der tektonischen Stellung, der Entwicklungsgeschichte, der Verbreitung und dem Alter der hauptsächlichen erdöl-erdgas-führenden Folgen sowie der Vorratsverteilung von Kohlenwasserstoffen lassen sich

beim derzeitigen Untersuchungsstand innerhalb des Aquatoriums der Nordsee folgende lagerstättenführende Komplexe ausgliedern:

1. Das gasführende Gebiet des Südlichen Permbeckens;
2. Das Erdöl-Erdgasgebiet des Zentralgrabens und Vikinggrabens;
3. Das Erdöl-Erdgasgebiet der Brenter Scholle und der Moray-Firth-Senke;
4. Das perspektivische Erdöl-Erdgasgebiet der Norwegisch-Dänischen Senke.

Es ist kennzeichnend, daß die Lagerstätten des Aquatoriums in Form einzelner langgestreckter Zonen bzw. Gürtel angeordnet sind. Für den Südteil des Aquatoriums ist eine generelle E—W-Orientierung der Lagerstättengürtel und gasführenden Rayons charakteristisch. Nördlich davon überwiegt eine submeridionale Zonalität bei der Verteilung von Lagerstätten und Erdöl-Erdgas-Rayons. Dieser Umstand ist durch die Ausbildung zweier tektonischer Richtungen bedingt: E—W-Richtung, die dem Streichen der Achse der Mitteleuropäischen Senke entspricht und einer submeridionalen Richtung, die dem Streichen eines der Grabensysteme des Nordatlantischen Schelfs, zu dem auch der Zentralgraben und der Vikinggraben gehören, entspricht. Es kann angenommen werden, daß in der nördlichen Hälfte des Aquatoriums die fiktive Grenze zwischen der Mitteleuropäischen und der Nordatlantischen Erdöl-Erdgas-Provinz verläuft. Die Besonderheiten des geologischen Baus sind die Ursache dafür, daß sich im Südlichen Permbecken nur Gaslagerstätten bildeten, die vorwiegend an das Subsalinar des Rotliegenden gebunden sind, während in den nördlicher gelegenen Gebieten Erdöllagerstätten vorherrschen, die zu den suprasalinaren mesozoischen und tertiären Sedimenten gehören.

Im sedimentären Deckgebirge des Nordseeaquatoriums wurden folgende regionale Erdöl-Erdgas-Komplexe festgestellt: Vorrangige — Rotliegendes, Jura, Dan, Paläozän und Eozän; Zweitrangige — Zechstein, Buntsandstein, Maastricht.

Diese Komplexe sind nicht in ihrem gesamten Verbreitungsgebiet innerhalb des Aquatoriums produktiv, sondern nur in bestimmten Bereichen bzw. Zonen mit den günstigsten Kriterien für die Erdöl-Erdgashöffigkeit. Die Rotliegendsedimente sind nur im Südlichen Permbecken gasführend. Für die Erdöl-Erdgas-Gebiete des Zentralgrabens und Vikinggrabens ist eine kontinuierliche Änderung des Alters des jeweils wichtigsten produktiven Horizonts von S nach N kennzeichnend: Maastricht — Dan — Paläozän — Eozän. Man kann somit eine weitere Verjüngung des produktiven Haupthorizonts in nördlicher Richtung annehmen. An die Schollen des östlichen Rands des Shetlandplateaus und der Moray-Firth-Senke sind große Kohlenwasserstoffvorräte in jurassischen Sedimenten gebunden.

Die Analyse der Höffigkeitskriterien der Erdöl-Erdgas-Führung für jeden produktiven Komplex gestattet die Schlußfolgerung, daß die potentiellen Ressourcen der Region noch lange nicht erschöpft sind.

Zusammenfassung

Der Nordseeraum bildet die gegenwärtig größte erdöl-erdgasführende Region Westeuropas, in der bis jetzt mit ca. 830 Bohrungen 3 bis 3,5 Mrd. t Erdöl und 2500 Mrd. m³ Erdgas nachgewiesen wurden. Der geologische Bau ist durch kaledonisch konsolidiertes Fundament und aufgelagerte mächtige, tektonisch komplizierte Serien des Perms, Mesozoikums und Känozoikums charakterisiert. Nach der geologisch-tektonischen Entwicklung und der Kohlenwasserstofführung lassen sich das gasführende Gebiet des südlichen Permbeckens, das Erdöl-Erdgasgebiet des Zentral- und Vikinggrabens, das Erdöl-Erdgasgebiet der Brenter Scholle und der Moray-Firth-Senke sowie das perspektivische Gebiet der Norwegisch-Dänischen Senke ausgliedern. Aus der Analyse der Höffigkeitskriterien ist die Schlußfolgerung möglich, daß die potentiellen Ressourcen des Nordseeraums noch größer sind als die bisher erschlossenen Erdöl-Erdgasvorräte.

Резюме

Пространство Северного моря является в настоящее время наибольшим нефте-газоносным регионом Западной Европы, в котором до сих пор доказаны ок. 830 скважинами от 3 до 3,5 мрд. т нефти и 2500 мрд. м³ газа. Геологическое строение характеризуется каледонско консолидированным фундаментом и наложенными мощными, тектоническо осложненными сериями перми, мезозоя и кайнозоя. По геолого-тектоническому развитию и углеводородоносности выделяются газоносная плоскость южной пермской впадины, нефте-газовая область Центрального и Викингского прогибов, нефте-газовая область Брентского блока и впадины Морэй-Фёрс как и перспективная область Норвегско-Данской впадины. По анализу критериев надежности возможен вывод, что потенциальные запасы пространства Северного моря еще выше, чем до сих пор доказанные запасы нефти и газа.

Summary

In the North Sea, at present the largest oil and gas-bearing region of Western Europe, 3 to 3.5 milliard tons of oil and 2.500 milliard m³ of gas have been proved so far by about 830 drillings. The geological structure is characterized by a Caledonian-consolidated basement and superposed thick, tectonically intricate, Permian, Mesozoic and Caenozoic series. From the geological-tectonic development and hydrocarbon content can be separated the gas-bearing area of the southern Permian basin, the oil and gas area of the Central and Viking graben, the oil and gas area of the Brent block and Moray-Firth depression, as well as the perspective area of the Norwegian-Danish depression. From an analysis of prospective criteria may be concluded that the potential resources of the North-Sea area are still higher than those so far developed.

Literatur

BRENNARD, T. F.; VAN VEEN, F. R.: The Auk field. Petroleum and the continental shelf of North-West Europe. — Inst. of Petr. Rev. London 1975.

BUTLER, J. B.: The West Sole gas-field. Petroleum and the continental shelf of North-West Europe. — Inst. of Petr. Rev. London 1975.

CHILDS, F. B.; REED, P. E. C.: Geology of the Dan field and the Danish North Sea. — Geological survey of Denmark. III. Servies, N 43. — J. Kommission hos C. A. Reitzls Forlag. København, København, 1975.

CUMMING, A. D.; WYNDHAM, C. L.: The geology and development of the Hewett gas-field. Petroleum and the continental shelf of North-West Europe. — Inst. of Petr. Rev., London 1975.

DUNN, W. W.: North Sea area, Europe — an important oil and gas province. — Norges geol. Unders., 29, 316, Trondheim 1975.

FOWLER, C.: The geology of the Montrose field. Petroleum and the continental shelf of North-West Europe. — Inst. of Petr. Rev., London 1975.

FRANCE, D. C.: The geology of the Indefatigable gas-field. Petroleum and the continental shelf of North-West Europe. — Inst. of Petr. Rev., London 1975.

KING, R. E.: World-wide offshore oil and gas prospects and potential. — Ocean Ind., 11, 4, Houston 1976.

KOK, P. C.: Erdöl und Erdgas aus der Nordsee: Einige Aspekte der Erschließung bedeutender Felder und die Auswirkungen auf die westeuropäische Versorgungslage. — Erdöl-Erdgas Z., 7, Wien 1975.

MARIE, J. P. P.: Rotliegendes stratigraphy and diagenesis. Petroleum and the continental shelf of North-West Europe. — Inst. of Petr. Rev., London 1975.

PENNINGTON, J. J.: The geology of the Argyll field. Petroleum and the continental shelf of North-West Europe. — Inst. of Petr. Rev., London 1975.

THOMAS, A. N.; WAMSLEY, P. J.; JENDINS, D. A. L.: The Forties field. — Norges geol. Unders., 29, 316, Trondheim 1975.

VAN VEEN, F. R.: The geology of the Leman gas-field. Petroleum and the continental shelf of North-West Europe. — Inst. Petr. Rev., London 1975.

WATSON, J. M.; SWANSON, C. A.: North Sea — major petroleum province. — AAPG Bulletin, 59, 7, Tulsa 1975.

WILLIAMS, J. J.; COMNER, D. C.; PETERSON, K. E.: The Piper oilfield, UK Sea: a fault-block structure with upper jurassic beachbar reservoir sands. Petroleum and the continental shelf of North-West Europe. — Inst. of Petr. Rev., London 1975.

ZIEGLER, P. A.: Öl- und Gasprovinzen der Nordsee — Erdöl-Erdgas Z., 91, 7, Wien 1975.

Zeitschrift für angewandte Geologie, Bd. 23 (1977), Heft 10

Geologische Untersuchungen im Gebiet der Insel Jan Mayen

Teil I: Vorläufige morphologische und geologische Untersuchungsergebnisse aus dem MOHN-Rücken nördlich Jan Mayen

UDINZEW, G. B.; JEMELJANOW, E. M.; LITWIN, W. M.; CHARIN, G. S., UdSSR; KRÜGER, P., Berlin

1. Vorbemerkung

Im Jahre 1971 führte das sowjetische Forschungsschiff „Akademik Kurtschatow" des Instituts für Ozeanologie der Akademie der Wissenschaften der UdSSR (IOAN) eine komplexe geomorphologisch-lithologisch-geophysikalische Expedition im Gebiet nördlich und südlich von Island durch. Diese 10. Fahrt des FS „Akademik Kurtschatow", an der auch die Mitarbeiter des Zentralen Geologischen Instituts Berlin, P. KRÜGER und P. KÜHN teilnehmen konnten, hatte zum Ziel, die Zusammenhänge zwischen den Strukturen Islands und den Unterwasserstrukturen des Atlantischen Rückens im Gebiet von Island zu erforschen, sowie die Beziehungen zwischen Island, dem diese Insel umgebenden Meeresboden und den Festlandsmassiven zu klären. Außerdem sollten weitere Angaben über die Natur der linearen Anomalien des Magnetfelds gewonnen werden, die besonders markant im Gebiet des Mittelatlantischen Rückens ausgeprägt sind (BELOUSOW & KRASNOW 1972, UDINZEW 1972). Die vorliegenden Abschnitte enthalten Untersuchungsergebnisse, die größtenteils unter Schiffsbedingungen ermittelt wurden. Eine ausführliche Zusammenfassung aller Resultate wird vom IOAN in Form eines Sammelbands vorbereitet.

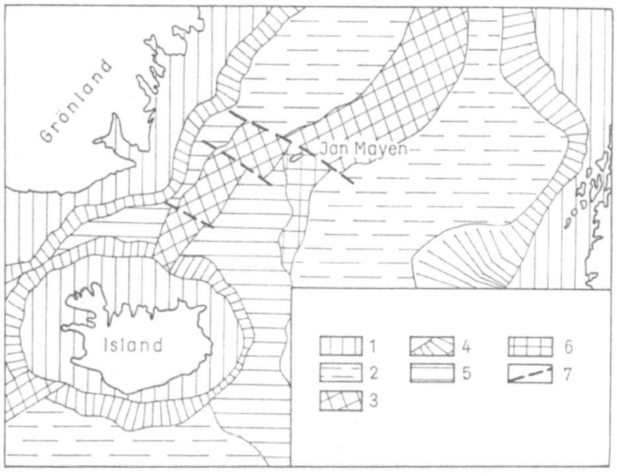

Abb. 1. Geomorphologisches Schema des Gebiets Island — Jan Mayen

1 — Festlands- und Inselschelf, 2 — Tiefseebecken, 3 — Mittelatlantischer Rücken, 4 — Festlands- und Inselabhang, 5 — Untermeerisches Plateau, 6 — Bruchschollenrücken, 7 — Brüche

2. Untersuchungen im Gebiet des MOHN-Rückens

Von besonderer Bedeutung waren die Arbeiten nördlich der Insel Jan Mayen (Abb. 1) im Gebiet des den MOHN-Rücken durchsetzenden Jan-Mayen-Querbruchs (Abb. 2). Obwohl in diesem Gebiet mehrere meeresgeologische Untersuchungen durch sowjetische und ausländische Expeditionen durchgeführt wurden (WINOGRADOW 1964, LITWIN 1964, JOHNSON u. a. 1969), ist der Untersuchungsgrad überaus gering. Alle bisherigen Forschungen trugen in der Regel zufälligen Charakter und verfolgten andere Ziele. Spezielle geologisch-geophysikalische Arbeiten zur Erforschung des Gebiets der Insel Jan Mayen gab es praktisch nicht. Deshalb wurden in einem Polygonzug, der zwischen 71°35′ n. B. und 71°00′ n. B., sowie zwischen 5°00′ w. L. und 9°30′ w. L. lag, und der die Querrinne und die sich anschließenden Teile der Riftzone erfaßte, Echolot-, Seismoprofilierungs-, magnetische und gravimetrische Messungen durchgeführt. Von den Hängen der Querrinne wurden an vier Stellen mit der Dredgenmethode Proben des anstehenden Gesteins entnommen. Auf 9 Stationen wurden mit Hilfe von Bodengreifern Typ „OKEAN" sowie mittels Stechrohren Proben von Bodensedimenten gewonnen.

3. Zur Morphologie eines Meeresbodens nördlich Jan Mayen

Westlich Jan Mayen dehnt sich die Lundquistbank aus (Abb. 1). Der Teil der Bank mit geringer Wassertiefe (weniger als 200 m) wird von der Insel durch eine breite Bodensenke mit einer Tiefe von 430 bis 450 m getrennt. Der nordöstliche Teil der Bank geht unmittelbar in den Hang der Querrinne über. Die mittlere Neigung beträgt 10°. Das Profil ist gewölbt, d. h. im tieferen Abschnitt wird es steiler. Im unteren Teil besitzt der Hang eine deutlich ausgeprägte Stufe, deren Tiefe sich von E nach W von 1500 bis 1700 m ändert. Am äußeren Ende der Stufe erstreckt sich eine Reihe kleinerer spitzendiger Hochlagen oder Kämme. Das gestattet anzunehmen, daß diese Stufe durch eine Verwerfung entstanden ist.

Der westliche Hang der Lundquistbank fällt mäßig zu der Bodensenke mit Tiefen bis zu 1200 m ab, von der südwestlich der Islandrücken beginnt. Eine komplizierte Beschaffenheit weist der südliche Hang der Bank auf. Eine Serie von nach SW gezogenen schmalen Kämmen mit unebener Oberfläche und steilen Abhängen, die eine Analogie zum südöstlichen Teil der Insel bilden, zergliedern ihn. Vermutlich sind es abgesunkene und durch Abrasion teilweise abgetragene vulkanische Hügelketten. Südlich der Insel erstreckt sich weit ausgedehnt, die Jan-Mayen-Bank. Ihr Flachwasserbereich, der als Ströumflakatbank bezeichnet wird, hat eine sehr unebene Oberfläche, die durch zahlreiche Unterwasserhänge geprägt sind. Die Tiefen erreichen hier aber nicht mehr als 50 bis 70 m. Weiter nach S geht die Jan-Mayen-Bank unmittelbar in den Jan-Mayen-Rücken über, der eine horstartige Struktur aufweist (LITWIN 1964, JOHNSON & HEEZEN 1967, JOHNSON u. a. 1971). In östlicher Richtung von der Jan-Mayen-Bank erstreckt sich ein anderer kürzerer horstartiger Kamm, der sich immer weiter verengt und auskeilt. Der nördliche Hang dieses Kamms bildet eine steile und fast nicht zergliederte Abstufung, die direkt bis zur Senke der Querrinne absinkt. Die Neigung des Hangs erreicht hier 30°. Der südliche Abhang des Kamms fällt dagegen langsamer ab und weist eine schwache Blockgliederung auf.

Eingang des Manuskripts in der Redaktion: 24. 1. 1977.
Mitteilung aus dem „Schirschow"-Institut für Ozeanologie der Akademie der Wissenschaften der UdSSR (IOAN) und dem Zentralen Geologischen Institut Berlin.

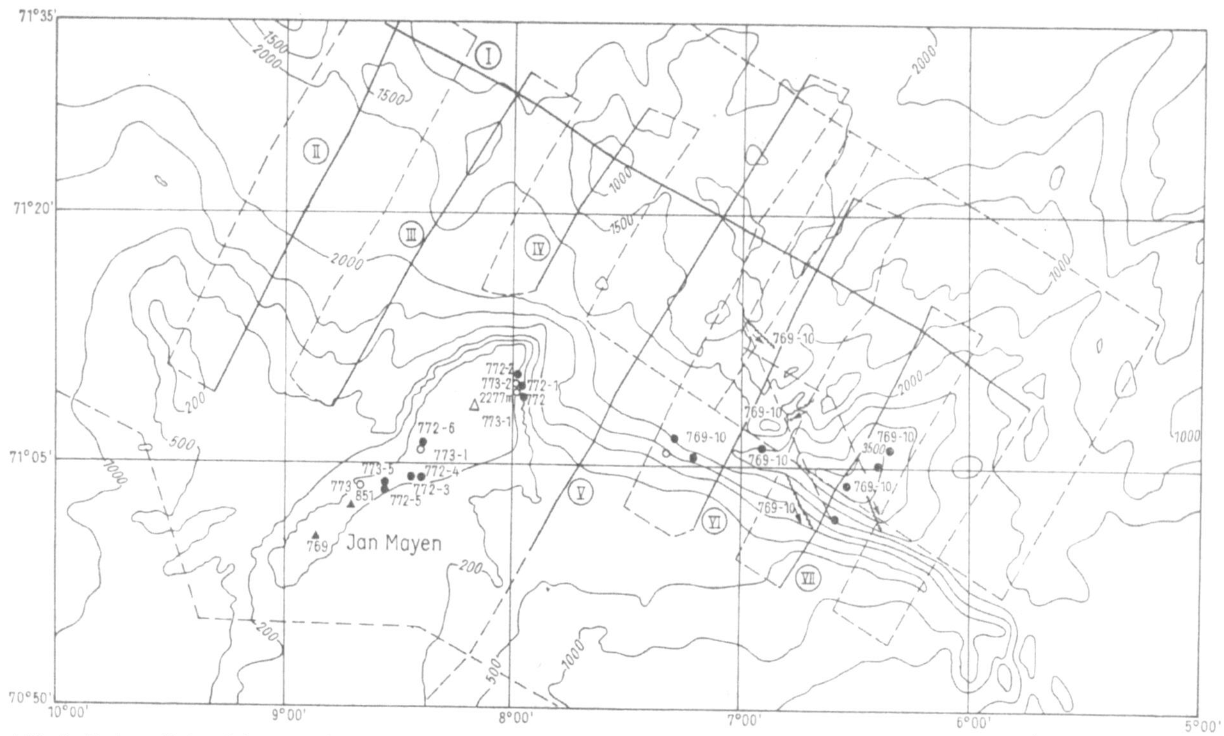

Abb. 2. Bodenrelief und Schema der durchgeführten Arbeiten im Gebiet der Insel Jan Mayen

4. Zur Morphologie des Jan-Mayen-Querbruchs

Die entlang des Bruchs verlaufende Querrinne (Abb. 2) ist auf 80 Meilen von der Riftzone westlich der Lundquistbank bis zur östlichen Peripherie des Jan-Mayen-Unterwassermassivs gut ausgebildet (LITWIN 1964, 1968; JOHNSON 1968). Beiderseits streicht dann die Rinne aus, und der Bruch setzt sich in einer Serie von Abstufungen und sich auf beträchtliche Entfernungen erstreckende Unterwasserbergketten fort. Hier wird eine vollkommene Analogie im Bau des Querbruchs zu vorher untersuchten anderen Querbrüchen des Mittelatlantischen Rückens beobachtet (LITWIN u. a. im Druck).

Der Boden der Querrinne besteht aus mehreren in verschiedenen Tiefen befindlichen Depressionen. Die maximale Teufe, 3615 m, erreicht eine tiefe Senke im südöstlichen Teil der Rinne, wo nordöstlich die Riftsenke des MOHN-Rückens abzweigt. Im nordwestlichen Teil der Rinne sind die Tiefen geringer, bis zu 2300 bis 2310 m. Die geringste Tiefe hat der Rinnenboden der nordöstlichen Peripherie von Jan Mayen. Sie beträgt hier 2040 m. Fast überall ist der Boden der Rinne eben, was von Prozessen akkumulativer Einebnung zeugt. Im SE wird die Rinne durch eine Schwelle begrenzt, die Tiefe beträgt hier 2220 m. Im NW wurde so eine Schwelle nicht festgestellt und die Rinne streicht hier allmählich aus.
Die Epizentren der in diesem Gebiet registrierten Erdbeben (SYKES 1965) gehören gerade zur Querrinne, die innerhalb der Riftzone vorhanden ist; auf den äußeren Fortsetzungen des Querbruchs werden sie nicht festgestellt. Das führt zu dem Gedanken, daß der Querbruch älterer Anlage ist als die Riftzone. Ein Abschnitt des Bruchs, der in den Bereich der sich herausbildenden Riftzone fiel, hatte sich vermutlich aktiviert und erhielt als äußeres Merkmal eine tiefe Querrinne und ist gegenwärtig zusammen mit der Riftzone tektonisch mobil.

5. Zur Morphologie des MOHN-Rückens (Südwestteil)

Der MOHN-Rücken, der sich vom Jan-Mayen-Bruch nach NE erstreckt, stellt eine typische Riftzone dar. Hier ist eine Serie von Rifttälern gut entwickelt, die von Ketten und Riftbergen mit nach den Flanken abnehmenden Höhen umgeben sind. Dadurch besitzt die Riftzone das Aussehen einer langgestreckten, stark zergliederten gewölbten Hochlage (LITWIN 1964, 1968; JOHNSON & HEEZEN 1967). Innerhalb des vom FS „Akademik Kurtschatow" untersuchten Polygons befindet sich der alleräußerste südwestliche Teil des MOHN-Rückens. Die Vereinigung von längsgestreckten Rift- und querverlaufenden Bruchstrukturen führt hier zu einem komplizierten Charakter des Unterwasserreliefs.

Der nordöstliche Abhang der Querrinne wird durch eine Serie von Vorsprüngen der Rifthügelketten gebildet; auf diese Weise entsteht hier eine Blockstufenzerteilung. Die allgemeine Neigung dieses Abhangs ist geringer als die südwestliche Neigung, obwohl einzelne Stufen beträchtliche Werte aufweisen, z. B. von 15 bis 18°. Die sich über den Hängen erhebenden Rifthügelketten bilden große Blöcke mit scharfen Spitzen. Die geringste Wassertiefe über ihnen beträgt 600 bis 800 m. Sie erreichen trennende Tiefen von 1400 bis 1800 m, die Gliederungsstufe beträgt hier 500 bis 1000 m. Die Neigung der Abhänge der Rifthügel beträgt im allgemeinen 10 bis 15°. Die Hänge werden fast überall durch kleine sekundäre Unterteilungen in Form von steilen Seitenspitzen mit Höhen bis zu 100 bis 200 m kompliziert. Die Riftzone ist hier in Form einer schmalen Depression ausgebildet, deren Bodentiefe von der Querrinne nach NE ziemlich rasch bis auf 1500 m abnimmt und sich dann erneut bis 2800 m erhöht; an dieser Stelle geht die Senke über die Grenzen des Polygons hinaus. Eine kleine Knickung im Streichen der Senke zeugt von ihrer komplizierten tektonischen Struktur. Die Riftzone ist eine gegenwärtig tektonisch aktive Zone; die Lage der Epizentren der zahlreichen Erdbeben in diesem Gebiet kann als Beweis dafür angesehen werden (SYKES 1965). Ihre Entstehung ist offensichtlich mit vertikalen und horizontalen tektonischen Bewegungen verbunden, die im Resultat die gewölbte Hochlage dieser Zone und deren Zerblockung erzeugten. Die zur Riftzone gehörenden dehnenden Kräfte führen vermutlich zu einer gewissen Auseinanderbewegung des Ozeanbodens in Richtung von der Riftsenke hinweg. Im Bereich eines früher existierenden Querbruchs innerhalb der Riftzone kam es ebenfalls zu einer Weitung des Ozeanbodens. Diese Weitung ist vermutlich nicht mit der wirklichen tektonischen Verschiebung entlang des Bruchs verbunden, sondern beendet lediglich eine vorherige tektonische Bewegung des Ozeanbodens in diesem Gebiet.

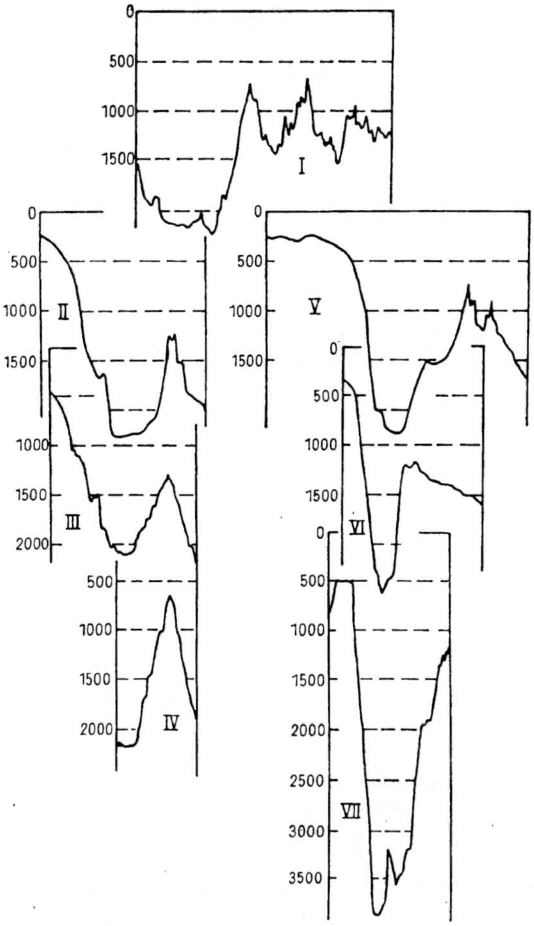

Abb. 3. Profilschnitte entlang der Profile I bis VII aus Abb. 2
Zahlenangaben in m, Verhältnis von horizontalem zu vertikalem Maßstab 1:37

6. Die Zusammensetzung der anstehenden Gesteine

Die anstehenden Gesteine der Querrinne wurden in großen Mengen mittels Dredgen auf 4 Stationen (Abb. 3) geborgen (ca. 5 t). Die am südlichen Hang der Querrinne anstehenden Gesteine, geborgen auf zwei Baggerstationen (Station 769-6, Tiefe 3520 bis 3000 m; Station 769-9, Tiefe 3100 bis 2650 m) sind basaltische Lava. Die Basalte sind sehr frisch, mit typischen kissenartigen Abschnitten und dunkelbraunen glasigen Abkühlungskrusten. In großen Bruchstücken sind verschiedenorientierte Lavaströme gut zu erkennen. In den Basalten sind viele große Gaskämmerchen und kleine Poren enthalten. Oft werden große (bis zu 1 cm) Phenokristalle von Olivin, Pyroxen und seltener Plagioklas angetroffen. Pyroxen wird durch diopsidischen Augit, Plagioklas durch Labrador vertreten. Am nördlichen, flach abfallenden Hang der Querrinne wurde auf zwei Stationen gedregt (Station 769-10, Tiefe 1640 bis 1200 m und Station 769-15, Tiefe 2160 bis 1560 m). Wie erwartet, sind hier im Vergleich zum südlichen Abhang die rezenten Sedimente stärker entwickelt, und die Sammlung der geborgenen Gesteine war sehr umfangreich. Das ist dadurch zu erklären, daß am südlichen steilen Abhang nur junge anstehende Basaltlava entnommen wurde und am nördlichen Hang außer den vielgestaltigen anstehenden Basalten auch Gesteine der Eis- und Eisbergabtragung vorhanden sind.

Durch die Dredgenstation Nr. 769-10 wurden folgende Gesteinsarten geborgen:

Plagioklasbasalte mit seltenen Olivin- und Pyroxen-Phenokristallen;
Olivinbasalte mit großen Pyroxen- und Plagioklasphenokristallen;
Fein- und mittelkristalliner Gabbro;
Mittelkristalliner Pyroxenit;
Fein- und mittelkristalline Biotitgranite;
Pegmatitische grobkristalline Granite;
Granitgneis, glimmerhaltige Gneise, Amphibolgneise;
Schwarze und dunkelgraue Keratophyre;
Erdige stark verwitterte Gesteine;
Gangquarz;
Quarz- und Epidotskarn;
Ton- und Chloritschiefer;
Aleurolithe und polymikte Sandsteine;
Quarzsandsteine, feinkörnig, rosafarben und hellgrau;
Marmorisierte Kalksteine, grau und dunkelgrau.

Durch die Dredgenstation Nr. 769-15 wurden zusätzlich gewonnen:

Dolerit, grau und graubraun mit Kalzitmandeln;
Basaltische Mylonite.

Besondere Aufmerksamkeit muß den basaltischen Myloniten gewidmet werden. Davon wurden ca. 0,5 t geborgen. Einzelne Blöcke erreichten Ausmaße bis zu 0,7 × 0,5 × 0,3 m. Die Stücke hatten keine scharfen Kanten. Das ist dadurch zu erklären, daß sie aus bis zu Tonsubstanz zerriebenem basaltischem Material (Zementmasse) bestehen, das unterschiedlich große abgerundete Basalt-, Dolerit- und Gabbro-Diabasstücke enthält (Bruchstücke von cm- bis zu 20 cm Größe). Die Zementmasse ist wenig beständig, man kann sie mit den Fingern zerbröckeln. Die eingeschlossenen Basaltstücke können mit dem Hammer leicht herausgeschlagen werden. Charakteristisch ist sowohl für den Zement als auch für die in den Myloniten enthaltenen Bruchstücke, daß sie einer beträchtlichen Unterwasserverwitterung unterworfen waren. Beim Zement drückt sich das durch die Umwandlung der zerriebenen Basaltmasse in Ton und bei den Bruchstücken durch die Herausbildung einer hellen Kruste am Außenrand mit 2 bis 3 cm Dicke aus. Die Zementmasse enthält außer Tonmineralen auch grünliche chloritähnliche Minerale. Interessant ist, daß auch das kleinstückige Material der Mylonite der Umwandlung unterlag. Große Bruchstücke des Mylonits bestehen aus Olivin- und Plagioklasbasalten Doleriten und auskristallisierten Gabbrodiabasen. Olivin unterliegt der Umbildung in Muskovit.

Ein Vergleich der anstehenden Gesteine des nördlichen und des südlichen Hangs der Querrinne ergibt, daß am südlichen Hang nur jüngere Basaltströme vorhanden sind. Durch diese Ströme ist vermutlich auch das eigentümlich stufenartige Relief des Hangs verursacht worden. Am nördlichen Hang sind weniger junge Basaltströme vorhanden. Hier sind ältere, besser auskristallisierte Olivin- und Plagioklasbasalte, Dolerite und sogar tiefere, holokristalline Gesteine mit Intrusivcharakter als Übergangsform von Diabas zu Gabbro (Gabbrodiabase) vorhanden. Intensiv wirkte sich hier der Tiefenbruch aus, der zur Herausbildung einer mächtigen Zone mylonitisierter Gesteine führte. Die Zone der Mylonitisierung ist offensichtlich auch am südlichen Abhang vorhanden, sie ist hier nur von Strömen jüngerer Basalte bedeckt.

Die mineralogische Zusammensetzung der untersuchten Sedimentproben zeigt, daß als liefernde Provinz des südlichen Hangs und des Bodens des transformen Bruchs eruptive Basaltgesteine und Pyroklastika der Vulkane der Insel Jan Mayen dienten. Solche Gesteine lagern auf der

Insel und treten an der südlichen Flanke des Bruchs zutage. Die Produkte der Unterwasserverwitterung der Basalte und der Basaltlava am Boden sind eine wesentliche Quelle des sedimentären Materials. Die Sedimente, die an den nördlichen Hängen des Bruchs lagern, stammen sowohl vom terrigenen-vulkanogenen Material der Insel Jan Mayen, als auch von den Produkten, die aus anderen Festlandsbereichen kommen. Solche Bereiche sind vor allem Grönland und Skandinavien.

Literatur

BELOUSOW, W. W.; KRASNOW, A. A.: Sowetskaja geologo-geofisitscheskaja ekspedizija w Islandiju. Zadatschi ekspedicii. – Vest. AN SSSR, 6, 72–74, Moskwa 1972.

JOHNSON, G. L.; HEEZEN, B. C.: The morphology and evolution of the Norwegian-Greenland Sea. – Deep-Sea Res., 14, 4, Oxford 1967.

JOHNSON, G. L.; FRETAG, J. S.; PEW, S. A.: Structure of the Norwegian-Sea. – Norsk Polarinst. Arborg, 7–16, Arborg, Oslo 1969/1971.

LITWIN, W. M.: Relef dna Norveshskogo morja (Das Bodenrelief der Norweginischen See). – Trudy PINRO, wyp. 16 (1964).

– Geomorfologija sredinno-okeanitscheskogo chrebta b Norveshskom i Grenlandskom morjach (Die Geomorphologie des Mittelozeanischen Rückens in der Norwegischen und Grönländischen See). – Okeanologija 8, 1, Moskwa 1968.

LITWIN, W. M.; MAROWA, N. A.; RUDENKO, M. W.; UDINZEW, G. B.: Morfostruktura riftowoi sony Atlantitscheskogo. okeana w rajonach raslomow „Kurtschatowa“ i „Atlantis“ (Die Morphostruktur der Riftzone des Atlantischen Ozeanrückens im Bereich der Brüche „Kurtschatow“ und „Atlantis“). – Okeanologija, 4, Moskau 1972.

SYKES, L. R.: The seismicity of the Arctic. – Bull. Seismol. Soc. Am., 55, 2 (1965).

UDINZEW, G. B.: Die Erforschung der submarinen Strukturen im Gebiet von Island (russ.). – Vest. AN SSSR, 6, 82–88, Moskwa 1972, ref. von P. Krüger in: Z. angew. Geol., 20, 5, 211–213, Berlin 1974.

WINOGRADOW, P. S.: O sowremennych otloshenijach Norweshskogo morja (Über rezente Ablagerungen der Norwegischen See). – Trudy PINRO, vyp. 16 (1964).

Zur Methodik der Zusammenstellung tektonischer Karten von Tafelgebieten

GAREZKI, R. G.; AISBERG, R. E., Minsk, UdSSR

Projekt 86

Tektonische Karten als konzentrierter kartographischer Ausdruck einer tektonischen Synthese werden gegenwärtig für verallgemeinernde theoretische und angewandte geologische Untersuchungen erarbeitet. Dafür wird meistens das Prinzip der Rayonierung nach dem Alter der Hauptfaltung herangezogen, das den bekannten tektonischen Übersichtskarten der UdSSR (1956), Europas (1964), Eurasiens (1966) und mehrerer anderer Länder und Kontinente (Tektonische Karte der Kontinente 1967) zugrunde lag.

Weitere Rayonierungsprinzipien sind z. B. die nach dem Typ der tektonischen Entwicklung oder des tektonischen Regimes (SPISHARSKI 1972) oder nach strukturell-stofflichen Merkmalen (BORUKAJEW u. a. 1969). Diese Prinzipien sind sehr geeignet, um kleinmaßstäbliche tektonische Übersichtskarten von großen Gebieten zusammenzustellen, weniger jedoch, um mittel- und großmaßstäbliche regionale tektonische Karten zu erarbeiten. Das liegt daran, daß diese Prinzipien in der Regel keine ausreichende Darstellung der Hauptstrukturelemente, der Entwicklungsgeschichte und vor allem der Tafeldeckgebirge zulassen; der rezente Bau ist jedoch im allgemeinen gut darstellbar. Die geologische Theorie und Praxis fordern aber, die Methodik der regionalen tektonischen Kartierung weiter zu verfeinern, da diese nicht nur den Bau der einzelnen Gebiete im Detail aufzeigt und die Grundlage für tektonische Übersichtskarten bildet, sondern auch notwendig ist, um die Such- und Erkundungsarbeiten von mineralischen Rohstoffen zu lenken.

Ein Prinzip, das regionalen tektonischen Karten von Tafelgebieten zugrunde liegt, ist die Darstellung der räumlichen Beziehungen der Struktureinheiten (Komplexe, Stockwerke, Substockwerke), wobei diejenigen mit den größten Mächtigkeiten hervorgehoben werden, d. h. die Rayonierung wird nach dem Alter der Hauptbildungsetappe der Tafelstrukturen vorgenommen.

Dieses Prinzip der tektonischen Rayonierung kann mit entsprechenden Veränderungen und Ergänzungen nicht nur auf Tafelgebiete, sondern auch auf andere tektonische Großräume der Erdkruste übertragen werden.

Tafeldeckgebirge

Dementsprechend wird das Tafeldeckgebirge des jeweiligen Gebiets in Strukturkomplexe, Stockwerke und Substockwerke gegliedert; ihre Verbreitungsgebiete werden festgelegt, und die Bereiche mit unterschiedlichem Kombinationstyp der Struktureinheiten abgegrenzt. Die Verbreitungskonturen der Strukturkomplexe und Stockwerke stellt man durch entsprechende Linien dar, an denen Indizes die Änderung ihres stratigraphischen Umfangs kennzeichnen. Die Hauptfarben der tektonischen Karten müssen in Abhängigkeit von dem der jeweiligen Karte zugrunde liegenden Rayonierungsprinzip gewählt werden. Deshalb sind bei jedem Kombinationstyp die Verbreitungsgebiete der mächtigkeitsmäßig dominierenden Struktureinheit mit der jeweiligen, definierten Hauptfarbe darzustellen, die dem Wesen nach die Hauptetappe der Strukturentwicklung wiedergibt. Farbige Nuancen der Grundfarbe geben die Flächen zwischen den Isopachen der dominierenden Struktureinheit an, wodurch sich die Morphologie deutlicher abhebt. Durch eine spezielle Signatur über der Grundfarbe können Gebiete mit überwiegender Hebungstendenz in einem Strukturkomplex (Stockwerk) hervorgehoben werden.

Methodisch werden die nach Mächtigkeit dominierenden Strukturkomplexe räumlich wie folgt abgegrenzt. Nacheinander analysiert man die Isopachenkarten der ausgeschiedenen Struktureinheiten, indem man die Schnittpunkte gleicher Isopachenwerte zweier verschiedener Komplexe durch eine Linie verbindet, die somit die Verbreitungsgrenze der nach der Mächtigkeit dominierenden Einheiten bildet. Die so gewonnene Karte wird auf gleiche Weise mit der Isopachenkarte einer dritten Struktureinheit verglichen usw. In der Praxis sollten für jedes Gebiet nicht mehr als 2 bis 3 Isopachenkarten dieser Art analysiert werden. Liegen in einem großen Gebiet etwa gleiche Mächtigkeiten zweier Struktureinheiten vor, kann man durch die Kombination der Farben beider Struktureinheiten dieses Gebiet kenntlich machen.

Der Informationsgehalt der Karte vergrößert sich dadurch, daß weitere strukturelle und formationelle Merkmale, wie z. B. die Isohypsen der Fundamentoberfläche und anderer Horizonte, der interne Aufbau des Fundaments, verschiedene Bruchtypen, Lokalfalten, Bereiche mit charakteristischen Formationen usw. hinzugenommen werden. Dieses Prinzip der Erarbeitung regionaler tektonischer Karten soll am Beispiel der tektonischen Karte der Bjelorussischen SSR und benachbarter Gebiete (Abb.) dargestellt werden.

Eingang des Manuskripts in der Redaktion: 22. 3. 1977.
Übers.: F. WENDLAND, Berlin

Tektonische Karte der Bjelorussischen SSR

Das Tafeldeckgebirge wird dort in folgende Strukturkomplexe untergliedert, die mit den für tektonische Karten allgemein üblichen Farben koloriert sind: 1) der Unterriphäikumstrukturkomplex (Pugatschewo- und Owrutschserie des Ukrainischen Schilds und deren Analoga, wie das Jotnium der westlichen Bjelorussischen Anteklise u. a.) rosa; 2) der frühbaikalische Mittelriphäikum-Unterwendium-Strukturkomplex (einschließlich der Wiljtschanserie des Unteren Wendiums) fliederfarben; 3) der spätbaikalische Oberwendium-Unterkambriumstrukturkomplex (Wolhynische und Waldaiserie des Oberen Wendiums, Baltische Serie des Unterkambriums) blau; 4) der kaledonische Unterkambrium-Unterdevonstrukturkomplex (postbaltisches Unterkambrium — Gargshdaiserie des Unterdevons der Baltischen Syneklise und deren Analoga in der Podlasie-Brester Senke) himbeerfarben; 5) der variszische Unterdevon- (Mitteldevon-) Mitteltriasstrukturkomplex (im westlichen Untersuchungsgebiet Unterdevon-Unterperm-Strukturkomplex) braun; 6) der kimmerisch-alpidische Obertrias-Anthropogenstrukturkomplex (Oberperm-Anthropogen-Strukturkomplex im westlichen Untersuchungsgebiet) grün.

Natürlich ist es möglich, jeden Strukturkomplex weiter zu untergliedern. Je nach ihrer Bedeutung für die tektonischen Hauptelemente kann man diesem eine selbständige Farbe oder eine Abstufung der Grundfarbe zuerkennen. Auf der tektonischen Karte der Bjelorussischen SSR und benachbarter Gebiete sind mehrere selbständige Strukturstockwerke ausgehalten worden: die Wiljtschanserie (Unteres Wendium) des Mittelriphäikum-Unterwendium-Komplexes, das Unterkambriumstockwerk (Baltische Serie) des Oberwendium-Unterkambrium-Komplexes, das Koblenz- (Eifel-) Mittelfrasnesstockwerk sowie das Oberfrasnes-Unterperm- und das Oberperm-Mitteltrias-Stockwerk des Unterdevon- (Mitteldevon-) Mitteltrias-Komplexes. Den drei letztgenannten wurde eine selbständige Abstufung der „Haupt"farbe des Unterdevon- (Mitteldevon-) Mitteltrias-Komplexes zugeordnet und zwar dunkelbraun, hellbraun und gelbbraun.

Die Verbreitungsgrenzen der Strukturkomplexe und -stockwerke werden durch vereinbarte Linien und entsprechende Farben dargestellt, wobei die Konturen ihrer besseren Unterscheidung wegen durch Farblücken gekennzeichnet sind. Streicht eine Einheit an die Tagesoberfläche oder an die präobertriassisch-anthropogene (im allgemeinen kretazisch-anthropogene) Oberfläche aus, bilden die Konturen eine ununterbrochene Linie. Ist sie dagegen von älteren, präobertriassischen Struktureinheiten verdeckt, sind seine Konturen als Strich-Punkt-Linien gekennzeichnet. Dadurch wird der räumliche Eindruck deutlicher.

„Monokomplexe"

Außer den Verbreitungsgebieten des mächtigsten Komplexes (Stockwerks) sind auf der Karte diejenigen Gebiete ausgehalten worden, in deren Profil nur eine Einheit dieser Art, d. h. die Verbreitungsbereiche eines „Monokomplexes" oder eines „Monostockwerks" entwickelt ist. Die ungleichzeitige Anlage der Teilbereiche der größten übergeordneten und der Großstrukturen erster Ordnung sowie regionale Abtragungen bestimmen das „Gleiten" der stratigraphischen Grenzen einiger Strukturkomplexe. Sehr häufig ändert sich der stratigraphische Umfang der Strukturkomplexe und Stockwerke innerhalb der größten Tafelstrukturen oder ein Strukturstockwerk und geht im Streichen aus einem Strukturkomplex in einen anderen über. Der Komplex wird nach den ältesten bzw. jüngsten Ablagerungen der stratigraphisch vollständigsten Profile benannt, deren Altersänderung durch Indizes an den Verbreitungsgrenzen vermerkt ist.

Tritt solch ein Fall ein, wird der stratigraphische Umfang der Komplexe, auf bestimmte Strukturen bezogen, gekennzeichnet. So erfolgte z. B. in der Baltischen Syneklise einer der größten tektonischen Umbauten intra-Unterdevon, d. h. das untere Unterdevon (Gargshdaiserie) wurde zum Unterkambrium-Unterdevon-Strukturkomplex und das obere Unterdevon (Kemerowoserie) zum Unterdevon-Unterperm-Strukturkomplex gestellt. Jedoch sind unterdevonische Ablagerungen nur in einem relativ begrenzten Bereich der Baltischen Syneklise verbreitet, ihr unterer Teil auch in der Achsialzone der Podlasie-Brester Senke. Auf dem übrigen, weitaus größeren Anteil des Untersuchungsgebiets beginnt das Devonprofil erst mit dem Mitteldevon. In diesem Zusammenhang ist die untere Altersgrenze dieses Strukturkomplexes ausnahmsweise mit der Doppelbezeichnung: Unterdevon- (Mitteldevon-) Strukturkomplex versehen.

Stockwerk über mehrere Strukturen

Schwieriger ist die kartographische Darstellung eines Stockwerks, das verschiedenen Strukturkomplexen angehört, die in tektonisch unterschiedlichen Strukturen liegen. Dadurch ändert sich vor allem die Bezeichnung des Strukturkomplexes sowie je nach der Zugehörigkeit zum jeweiligen Strukturkomplex die Farbe, die für das „Übergangs"-Stockwerk festgelegt worden war. Auf der tektonischen Karte der Bjelorussischen SSR bildet das Oberperm-Mitteltrias-Stockwerk das „Übergangs"-Stockwerk. Im W (westliche Periklinale der Bjelorussischen Anteklise) schließt sich das Oberperm-Mitteltrias-Stockwerk an die mesozoisch-känozoischen Ablagerungen (Oberperm-Anthropogen-Komplex) an und ist dementsprechend grün gefärbt. Im E (Ränder der Pripjat- und der Dnepr-Donezsenke) ist es als Bestandteil des Unterdevon- (Mitteldevon-) Mitteltrias-Komplexes entsprechend hellbraun koloriert.

Tafelstrukturkomplexe

Zu beachten ist auch die Bezeichnung der Tafelstrukturkomplexe. In der Literatur sind „tektonische" und „stratigraphische" Bezeichnungen für diese Komplexe üblich; „tektonische" entsprechen bestimmten Hauptfaltungsepochen. Sie werden wegen ihrer Kürze und traditionell verwendet. Alle tektonischen Begriffe, die auf Tafelstrukturkomplexe angewendet werden, weisen wenigstens zwei wesentliche Mängel auf. In Faltungsgebieten kennzeichnen sie vor allem die relativ kurze Zeit der Hauptfaltung, die die Struktur auch älterer, der Faltung nicht synchronen Bildungen radikal verändern kann. Außerdem ist es nicht möglich, die gleitende stratigraphische Erstreckung der Strukturkomplexe auf der Tafel, wie zuvor dargestellt, auf der Karte durch die Termini „baikalisch", „kaledonisch" u. a. auszudrücken. Offensichtlich ist es weitaus günstiger, in den verschiedenen Tafelgebieten den stratigraphischen Umfang des Komplexes genau zu definieren. Anderenfalls werden unter der gleichen Bezeichnung stratigraphisch unterschiedliche Gesteinsfolgen verstanden. In bestimmten Fällen ist es jedoch angebracht, auch tektonische Bezeichnungen für die Komplexe zu verwenden.

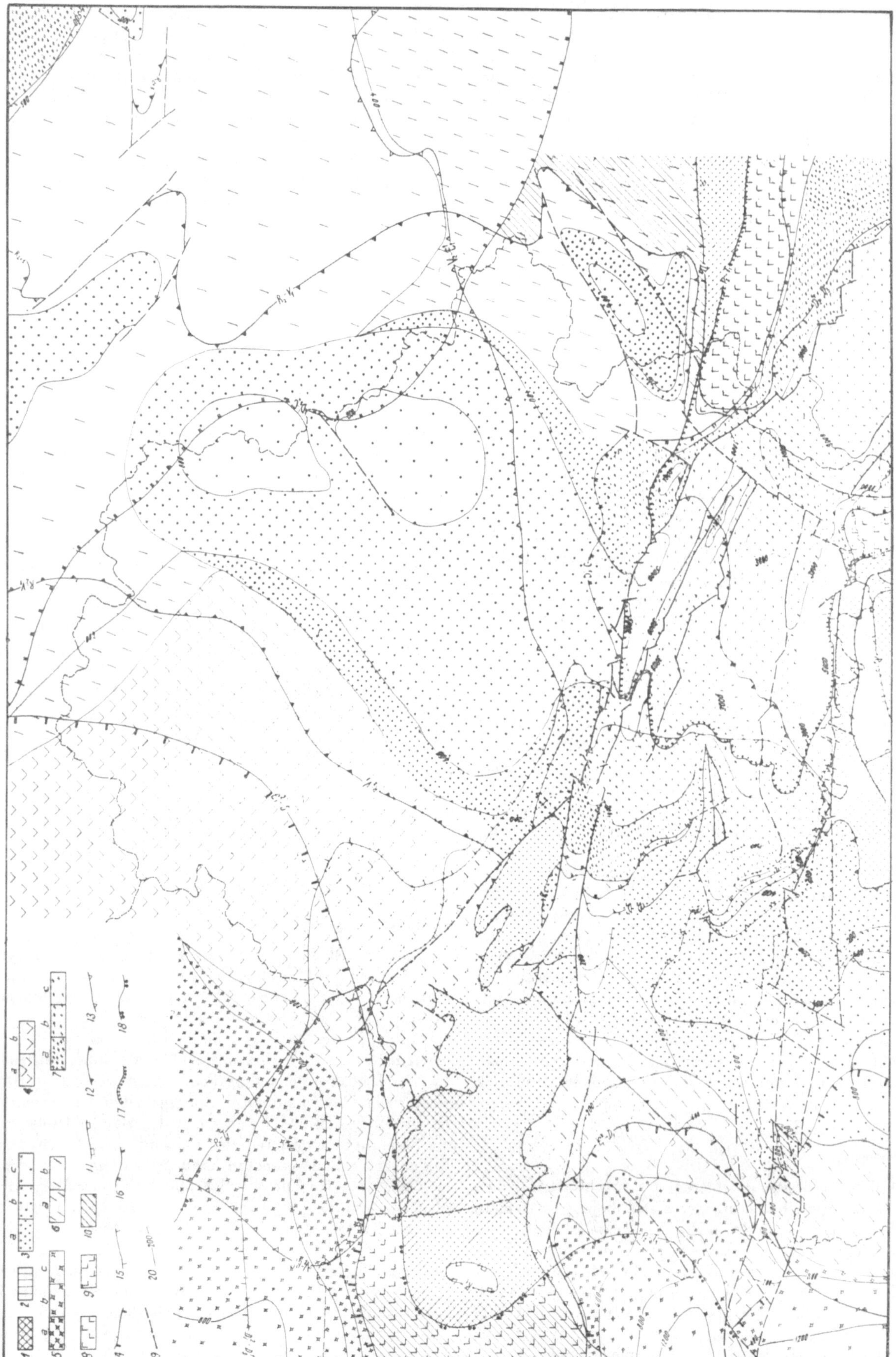

Entwicklungsetappen

Betrachten wir, wie die rezente Struktur und die tektonischen Entwicklungsetappen des Untersuchungsgebiets auf der tektonischen Karte der Bjelorussischen SSR, die entsprechend der geschilderten Methodik zusammengestellt wurde, zum Ausdruck kommen. Wegen der ungleichmäßigen und asynchronen Entwicklung der tektonischen Hauptelemente auf der westlichen Russischen Platte sind dort die Struktureinheiten des Deckgebirges in unterschiedlichen Kombinationen sowohl struktureller Art als auch hinsichtlich der Richtung verbreitet. Jeden Strukturkomplex, mitunter auch ein Stockwerk, kennzeichnet diejenige negative Hauptstruktur am besten, deren Hauptentwicklung mit der Bildungszeit der Struktur übereinstimmt. Eine Ausnahme bildet gelegentlich nur der Oberperm- (Obertrias-) Anthropogen-Strukturkomplex, der in der ganzen Bjelorussischen SSR entwickelt ist und in den meisten Gebieten seiner Mächtigkeit wegen nicht dominiert.

Praktisch ist dieser Komplex auf der Karte nicht dargestellt; sein Bau ist nur aus den Stratoisohypsen der Cenomanoberfläche abzulesen. Erst im äußersten westlichen Untersuchungsgebiet, wo die Mächtigkeiten der oberpermisch- bis känozoischen Ablagerungen dominieren, wurden die Isopachen dieses Komplexes mit grünen Linien dargestellt. Sie zeichnen dort die Ostflanke der submeridionalen Masuren-Lubliner Senke nach.

Im Topbereich der Bjelorussischen Anteklise, der Periklinale der Woroneshanteklise, am Rande des Ukrainischen Schilds und der Mikaschewitschi-Shitkowitschi-Aufragung, wo der Oberperm- (Obertrias-) Anthropogenkomplex direkt dem kristallinen Fundament auflagert, ist der innere Bau des präriphäischen Fundaments dargestellt worden. Dadurch heben sich die Scheitelzonen und die am stärksten herausgehobenen Bereiche dieser positiven Hauptstrukturelemente der westlichen Russischen Platte deutlicher ab. Die rezente Morphologie der tektonischen Tafelelemente der Bjelorussischen SSR wird durch die schwarzen Stratoisohypsen der Fundamentoberfläche gut sichtbar.

Der älteste, der unterriphäische Komplex,

füllt die Owrutsch-Grabensynklinale aus. Höchstwahrscheinlich gehören zu ihm auch die Quarzite und quarzitähnlichen Schiefer des Jotniums im Westteil der Bjelorussischen Anteklise, ferner die Quarzporphyre von Glusk.

Der mittelriphäisch-unterwendische Komplex

einschließlich des unterwendischen (Wiljtschan-) Stockwerks beschränkt sich in seiner Verbreitung auf die submeridionale Wolhynien-Orscha- (Präorscha-) Paläosenke, den Gshat- und den Klinzygraben sowie die Toropez-Wjasmasenke, beziehungsweise kennzeichnet er sie.

Das Oberwendium- und das Unterkambrium- (Baltische) Strukturstockwerk

des oberwendisch-unterkambrischen Komplexes erstreckt sich erheblich weiter nach W und nimmt den gesamten Zentral- und Westteil des Untersuchungsgebiets ein. Die Konturen des Unterkambrium-Unterdevon-Komplexes umgrenzen die Podlasie-Brester Senke und die Baltische Syneklise. Er bildet auch hauptsächlich deren Füllung.

Die Stockwerke des Unterdevon- (Mitteldevon-) Mitteltrias-Komplexes

sind am vollständigsten in der Pripjatsenke entwickelt. Nur sein unteres Strukturstockwerk ist im nördlichen und nordöstlichen Bjelorußland weit verbreitet und bezeichnet den Westrand der Moskauer Syneklise. Das obere, unterpermische, Substockwerk dieses Komplexes ist auch im westlichen Untersuchungsgebiet verbreitet, wo es die am stärksten eingesenkten Bereiche der Podlasie-Brester Senke und der Baltischen Syneklise betont.

Aus der dargestellten Verbreitung der Struktureinheiten werden auf der Karte die räumlichen Beziehungen und Verbindungen der Struktureinheiten untereinander sichtbar. Mit einer speziellen Signatur werden vor allem die Gebiete hervorgehoben, in denen über dem Fundament im Tafeldeckgebirge nur ein Strukturkomplex oder ein Strukturstockwerk entwickelt ist, d. h. die positiven Strukturelemente. Auf der tektonischen Karte der Bjelorussischen SSR zählen dazu die scheitelnahen Bereiche und Flanken der Bjelorussischen Anteklise, die Flanken der Woroneshanteklise und des Ukrainischen Schilds, der Zentralteil des Polessjesattels sowie die herausgehobenen Blöcke des Lukuw-Ratno-Horsts. Die fehlenden prämesozoischen Ablagerungen oder die Entwicklung nur eines „Monokomplexes" oder „Monostockwerks" sind ein Ausdruck der Hochlage dieser Hebungsgebiete während der Etappe, in der sich die Tafel entwickelte.

Wechselbeziehung Strukturkomplex: Stockwerk

Betrachten wir die Wechselbeziehungen der Strukturkomplexe und Stockwerke, so kann man erkennen, daß Gebiete ausgeschieden werden, in denen eine Struktureinheit gegenüber anderen bezüglich der Mächtigkeit überwiegt. Aus dem Vergleich der Mächtigkeitskarten ist abzuleiten, daß der Mittelriphäikum-Unterwendium-Komplex nur in einem großen Teil der Wolhynien-Orscha Paläosenke, im Gshat- und Klinzygraben und in der Toropez-Wjasma-Senke dominiert. Die fliederfarbene Kolorierung des Verbreitungsgebiets und der Gebiete mit besonders mächtigem Mittelriphäikum-Unterwendium-Komplex betont die Lage und die am tiefsten abgesunkenen Bereiche dieser Präplattenstrukturen. Nur an ihren Rändern herrscht nicht mehr dieser Komplex vor, sondern der Oberwendium-Unterkambrium- oder der Unterdevon- (Mitteldevon-) Mitteltrias-Komplex. Der Farbwechsel zwi-

Abb. Tektonisches Schema der Bjelorussischen SSR

1 – zutage tretendes und von postmitteltriassischen Strukturstockwerken verdecktes Fundament der Osteuropäischen Tafel; Deckgebirge der Osteuropäischen Tafel – in der Mächtigkeit dominierende präobertriassische Strukturkomplexe und Stockwerke; 2 – Unterriphäikumkomplex (Pugatschewo- und Owrutsch-Serie des Ukrainischen Schilds und deren Analoga – Jotnium der westlichen Bjelorussischen Anteklise); 3 – Mittelriphäikum-Unterwendium-Komplex, einschließlich der Wiljtschanserie des Unteren Wendiums, mit Mächtigkeiten: a – bis 400 m, b – 400 bis 800 m, c – mehr als 800 m; 4 – Oberwendium-Unterkambrium-Komplex, Wolhynische und Waldaiserie des Oberen Wendiums – Baltische Serie des Unterkambriums, mit Mächtigkeiten: a – bis 400 m, b – mehr als 400 m;
5 – Unterkambrium-Unterdevon-Komplex, postbaltisches Unterkambrium – Gardshdai-Serie des Unterdevons der Baltischen Syneklise und deren Analoga in der Podlasie-Brester Senke, mit Mächtigkeiten: a – bis 400 m, b – 400 bis 800 m, c – mehr als 800 m; 6 – Koblenz- (Eifel-) Mittelfrasnes-Stockwerk, einschließlich der Kemerowoserie des Unterdevons in der Baltischen Syneklise, mit Mächtigkeiten: a – bis 400 m, b – mehr als 400 m; 7 – Oberfrasnes-Unterperm-Stockwerk mit Mächtigkeiten: a – bis 1000 m, b – 1000 bis 3000 m, c – mehr als 3000 m; 8 – Oberperm-Mitteltrias-Stockwerk des variszischen Komplexes, für die Ränder von Pripjat- und Dnepr-Donez-Senke; 9 – Oberperm-Mitteltrias-Stockwerk des kimmerisch-alpidischen Komplexes, für die westliche Periklinale der Bjelorussischen Anteklise; 10 – Verbreitungsgebiete nur eines Komplexes oder Stockwerks.
Verbreitungskonturen der Strukturkomplexe: 11 – des unterriphäischen Strukturkomplexes; 12 – des mittelriphäisch-unterwendischen Strukturkomplexes; 13 – des oberwendisch-unterkambrischen Strukturkomplexes; 14 – des unterkambrisch-unterdevonischen Strukturkomplexes.
Grenzen der Strukturstockwerke: 15 – des Koblenz- (Eifel-) Mittelfrasnes-Stockwerks; 16 – des Oberfrasnes-Unterperm-Stockwerks; 17 – des Oberperm-Mitteltrias-Stockwerks, für die Ränder von Pripjat- und Dnepr-Donez-Senke; 18 – des Oberperm-Mitteltrias-Stockwerks, für die westliche Periklinale der Bjelorussischen Anteklise; 19 – Brüche; 20 – Isopachen der an Mächtigkeit dominierenden Strukturkomplexe und Stockwerke

schen beiden erfolgt an einer Linie, die die Schnittpunkte identer Isopachen benachbarter, räumlich in der Mächtigkeit dominierender Einheiten verbindet. In dem Gebiet, in dem der Mittelriphäikum-Unterwendium-Komplex besonders hervortritt, machen seine Isopachen und die Abstufungen der fliederfarbenen Kolorierung die Morphologie der zahlreichen alten Präplattenstrukturen sichtbar.

Der Oberwendium-Unterkambrium-Komplex

dominiert in dieser Hinsicht in den Zentriklinalen, an den Rändern der Podlasie-Brester Senke und der Baltischen Syneklise. Er ist hier blau gefärbt. Die Farbabstufungen zeigen die Morphologie dieser Strukturbereiche. Auch die Verbreitungskonturen des Unterkambrium- (Baltischen) Strukturstockwerks geben eine Vorstellung vom Umfang und von der Vollständigkeit dieses Komplexes in den einzelnen Gebieten. Im Zentrum der Podlasie-Brester Senke und in der Baltischen Syneklise wird die Blaufärbung an der Schnittlinie der identen Isopachen des Oberwendium-Unterkambrium- und des Unterkambrium-Unterdevon-Komplexes von der Himbeerfarbe des kaledonischen Unterkambrium-Unterdevon-Komplexes, der hier vorherrscht, abgelöst.
Mit braunen Farben und Abstufungen zeichnen sich Lage und Morphologie der variszischen mitteldevonisch-mitteltriassischen Strukturen der Pripjatsenke und des Südwestrands der Moskauer Syneklise deutlich ab. Um eine klare Darstellung dieses Komplexes in den Gebieten zu erreichen, in denen andere prädevonische Komplexe dominieren, sind die Isopachen des Eifel-Mittelfrasnes-Stockwerks mit besonderen Linien über den Isopachen der liegenden Komplexe dargestellt, obgleich sie in ihrer Mächtigkeit nicht überwiegen. Ausnahmsweise sind am Südwestrand der Moskauer Syneklise auch die Isopachen des Oberwendium-Unterkambrium-Komplexes und im wesentlichen Untersuchungsgebiet auch die Isopachen des Oberperm-Untertrias- und des Mitteltrias-Miozän-Stockwerks eingetragen. Deutlich ist zu erkennen, daß die Strukturpläne der submeridionalen mittelriphäisch-unterwendischen Wolhynien-Orscha-Paläosenke und der fast E—W streichenden Pripjatsenke nicht übereinstimmen. Die Verbreitungsgrenzen der verschiedenen Stockwerke des Mitteldevon-Mitteltrias-Komplexes und die stratigraphischen Indizes an diesen Grenzen geben deren Umfang in den Teilbereichen der Senke an.
Durch die Eintragung der Verbreitungsgrenzen von Struktureinheiten und durch die Kennzeichnung ihrer Mächtigkeiten mit Isopachenlinien in Kombination mit den Stratoisohypsen der Fundamentoberfläche ist es möglich, an jedem beliebigen Punkt das Deckgebirgsprofil und deren Mächtigkeiten abzulesen.

Brüche

Von großer Bedeutung für den Bau des Untersuchungsgebiets sind die Brüche, die in zwei große Typen untergliedert wurden: 1) in verdeckte Prätafelbrüche, die das Tafeldeckgebirge nicht durchsetzen und nur im Fundament auftreten und 2) in Tafelbrüche, die das Deckgebirge durchsetzen. Erstere sind rot gefärbt, letztere schwarz. Jeder Bruchtyp wurde in vier Klassen unterteilt. Bei den Prätafelbrüchen unterscheidet man: 1) superregionale Randbrüche, die die Supergebiete verschiedenen Faltungs- oder Überprägungsalters begrenzen, 2) regionale Randbrüche, die Großgebiete verschiedenen Faltungs- oder Überprägungsalters begrenzen, 3) subregionale Grenzbrüche, die tektonische Zonen innerhalb eines Faltungs- oder Überprägungsgebiets umgeben, 4) lokale Brüche, die Einzelblöcke begrenzen. Die Tafelbrüche gliedern sich in: 1) superregionale Randbrüche, die die übergeordneten Superstrukturen begrenzen, 2) regionale Randbrüche, die Großstrukturen erster Ordnung begrenzen, 3) subregionale Grenzbrüche, die mittelgroße Strukturen zweiter Ordnung umgeben, 4) lokale Brüche, die kleine Strukturen dritter und vierter Ordnung begrenzen oder komplizieren. Entsprechende Indizes geben Auskunft über die vermutete Anlagezeit, über die Hauptentwicklungsetappen sowie über die morphologischen Merkmale der Tafelbrüche.
Zur Darstellung charakteristischer Formationen, wie die Trappformation des Wendiums, die oberdevonische Alkali-Ultrabasit — Alkali-Basaltoidformation, die Basalt- und die halogene Formation des Frasnes, die Rhyolith-Andesit-Basaltformation, die halogene kaliführende Formation des Famenne und die oberpermische halogene Formation wurden Linien- und Strichsignaturen verwandt. Innerhalb der Pripjatsenke sind Salzantiklinalen und -kuppeln dargestellt, wobei die Kryptodiapire mit dunkelblauer Kreuzschraffur und einem Index versehen sind, der das Alter der suprasalinaren Serien bezeichnet. Mit Schrägschraffur werden Salzkissen kenntlich gemacht. Demnach können mit Hilfe der für die Zusammenstellung der tektonischen Karte der Bjelorussischen SSR und benachbarter Gebiete angewandten Rayonierungsmethodik die Beziehungen zwischen den verschiedenaltrigen Deckgebirgsstrukturen objektiv aufgezeigt werden. Gleichzeitig ermöglicht die Darstellung des Reliefs der Fundamentoberfläche, die rezente Struktur des Untersuchungsgebiets darzustellen. Da der Bau der mächtigsten Struktureinheiten in der Regel weitgehend mit der rezenten Lage der Fundamentoberfläche übereinstimmt, kann daraus abgeleitet werden, welche rezenten Strukturelemente in der Hauptentwicklungsetappe des jeweiligen Gebiets entstanden.

Zusammenfassung

Das Prinzip der Rayonierung nach dem Alter der Hauptfaltung, das zahlreichen tektonischen Übersichtskarten großer Gebiete zugrunde liegt, ist wenig geeignet für das Zusammenstellen mittel- und großmaßstäblicher regionaler tektonischer Karten. Der Grund liegt darin, daß auf den Übersichtskarten die großen Strukturelemente, die Entwicklungsgeschichte und die Tafeldeckgebirge nicht ausreichend dargestellt werden können. Der tektonischen Karte von der Bjelorussischen SSR i. M. 1:500000 liegt die Darstellung der räumlichen Beziehungen der Strukturkomplexe und -stockwerke von Tafelgebieten, speziell der mächtigkeitsmäßig dominierenden, zugrunde. Das heißt, es wird eine Rayonierung nach dem Alter der Hauptbildungsetappe der Tafelstrukturen vorgenommen. Im Anschluß an die Beschreibung der Methodik werden Verbreitung und Strukturbau der einzelnen Komplexe eingehend dargestellt.

Резюме

Принцип районирования по возрасту основной складчатости, лежащий в основе многочисленных тектоничных обзорных карт больших областей, мало способен для составления средне- и крупномасштабных региональных тектонических карт. Причина для этого находится в том, что на обзорных картах не достаточно изображаемы крупные структурные элементы, история развития и платформенные покровные горы. На основе Тектонической карты Белоруссии лежит изображение пространственных отношений структурных комплексов и структурных этажей платформенных областей, специально преобладающих по мощности. Это значит, что производится районирование по возрасту основных этапов образования платформенных структур. После описания методики подробно описывается подготовление и структурное строение отдельных комплексов.

Summary

The principle of regional division by the main folding age, on which numerous general tectonic maps of large areas are based, is little suited for compiling middle and large-scale regional tectonic maps. The reason for this is that large structural elements, the history of development and platform covers cannot sufficiently be represented in general maps. The tectonic map of White Russia, drawn on a scale of 1:500000, is based on the representation of spatial relations of structural complexes and stages of platform areas, in particular of those predominating from a thickness point of view. This means that the region is divided by the age of the main phase of formation of platform structures. Following a description of the technique, a detailed account is given of the preparation and structure of the individual complexes.

Literatur

BORUKAJEW, T. B.; KOSSYGIN, J. A.; PARFENOW, L. M.: Prinzipien der tektonischen Rayonierung des Präkambriums (russ.). — Geol. i Geofis., 1, 3—15, Nowosibirsk 1969.

GAREZKI, R. G.; AISBERG, R. E.: Versuch einer tektonischen Rayonierung des Territoriums von Bjelorußland und benachbarter Gebiete (russ.). — Sow. Geol., 5, 55—68, Moskau 1975.

Autorenkollektiv: Tektonische Karte der UdSSR und benachbarter Länder (russ.). — Moskau 1956.

— Internationale Tektonische Karte von Europa (russ.). — Moskau 1964.

— Tektonische Karte Eurasiens (russ.). — Moskau 1966.

— Tektonische Karte der Kontinente auf dem 22. Internationalen Geologenkongreß (russ.). — Moskau 1967.

Die präalpidische Struktur der westlichen Ukraine und Südpolens und die Wechselbeziehungen zwischen Tafel- und Geosynklinalgebieten

WJALOW, O. S.; MEDWEDEW, A. P., Lwow,

Projekt 86

Um die Perspektivität eines beliebigen Territoriums hinsichtlich nutzbarer Bodenschätze zu bewerten, sind eine ganze Reihe verschiedener Kriterien zu untersuchen. Diese sind z. B. im Falle von Erdöl und Erdgas das Vorhandensein oder Fehlen von Speichergesteinen, Abdeckern, Strukturfallen, Erdöl- und Erdgasanzeichen, günstigen hydrogeologischen Verhältnissen usw. In allen Fällen sind aber die geotektonischen Verhältnisse zu klären, insbesondere die Struktur des zu untersuchenden Gebiets. Falls das Gebiet im Randbereich einer alten Tafel oder in der Scharnierzone von verschiedenaltrigen Tektogenen liegt, so bedeutet das, auf die konkreten geologischen Verhältnisse angewandt, eines der kompliziertesten Probleme der Geotektonik zu lösen, nämlich die räumlichen und zeitlichen Wechselbeziehungen solcher Superelemente der Erdkruste wie sie (alte und junge) Tafeln oder Geosynklinalen darstellen.
Dieses Problem ist schon alt. Es besteht, genau genommen, seitdem die Hauptthesen der Lehre von den Geosynklinalen und Tafeln formuliert wurden, aber es ist bis heute aktuell geblieben. Das verstärkte Interesse an diesem Problem ist nicht zufällig und nicht nur rein theoretisch, sondern es besteht vor allem deshalb, weil gerade an die Scharnierzonen von Tafeln und Geosynklinalen viele nutzbare Bodenschätze gebunden sind.
Zu diesem Problemkreis zählen Fragen nach der Lage der Grenze zwischen Geosynklinale und Tafel, nach der Abschlußzeit der Geosynklinalentwicklung und der Konsolidierung des Tafelregimes, nach den Kennzeichen der Grenzstrukturen, wie z. B. Randnähte, perikratone Senken, Vorgebirgssenken, Randsysteme, Querrandsenken, randliche Tafelhochlagen, Randmassive und einige andere Typen.
Das Territorium der westlichen Ukraine und Südpolens liegt in der Scharnierzone von Osteuropäischer Tafel und den verschiedenaltrigen (bis hin zu alpidischen) Anteilen des mediterranen Geosynklinalgürtels. Um die tektonische Struktur der Scharnierzone richtig zu erkennen, sind die Wechselbeziehungen zwischen Tafel- und Geosynklinalgebieten in diesem Bereich im Lauf aller Etappen zu verfolgen, d. h. der baikalischen, kaledonischen, variszischen und alpidischen. Wenn auch diese Wechselbeziehungen für den Zeitraum der Endetappe im wesentlichen geklärt sind, so gilt das nicht für die präalpidische Geschichte. Das ist ganz natürlich, denn je größer die Zeitspanne ist, die uns von einer tektonischen Epoche trennt, desto unvollständiger und fragmentarischer sind die Daten über diese tektonische Epoche und um so schwerer ist es, sie in ein einheitliches System einzubinden.

Eingang des Manuskripts in der Redaktion: 25. 2. 1977.
Übers.: F. WENDLAND, Berlin

Diese Aufgabe ist auch für sich genommen wichtig, aber von noch größerer Bedeutung ist sie — auf Grund der Lage des Gebiets — im Zusammenhang mit einem Kardinalproblem der Tektonik Europas, das schon über 50 Jahre viele Autoren beschäftigt, dem Problem der Westgrenze der Osteuropäischen Tafel. Es wurde mehrfach sowohl in Zeitschriften als auch auf verschiedenen Tagungen erörtert, ist jedoch noch immer nicht eindeutig gelöst. Deshalb ist das von den DDR-Geologen geförderte Projekt 86 „Südwestrand der Osteuropäischen Tafel" des IGCP-Programms sehr rechtzeitig darauf gerichtet worden, dieses Problem zu lösen. Um das Programm zu verwirklichen, wird vorgeschlagen, den geologischen Bau des weiten Raums zwischen Baltischer Syneklise, Bjelorussischer Anteklise, Ukrainischem Schild und Dobrudsha im E bis zum Rand der variszischen Tektogene und Südost-Englands im W darzulegen. Die westliche Ukraine und Südpolen liegen in einem der Schlüsselgebiete dieses Raums, weshalb sich die Aufmerksamkeit auf deren präalpidische Struktur als Untersuchungsobjekt konzentrieren muß.
Ausgehend von einer Analyse des heute vorliegenden Materials (WJALOW 1950, 1955, 1959, 1967, 1971 u. a. Arbeiten; MEDWEDEW 1971, 1972, 1973a, 1973b) wurde versucht, das gesamte Faktenmosaik zu verbinden. Dazu gehörte, die Dauer der Entwicklungsetappen des Untersuchungsgebiets und die Lage der Grenze zwischen Tafel und Geosynklinale in jeder Etappe zu bestimmen, den Charakter der Grenzstrukturen zu klären und die Entwicklungsgeschichte der Region zu rekonstruieren. Schließlich versuchten wir, eine Gesamtschau der präalpidischen Struktur der westlichen Ukraine und Südpolens vorzulegen, die das Endergebnis dieser Entwicklung veranschaulicht, denn jede Entwicklungsetappe wird durch eine bestimmte, gegenüber den anderen Etappen wechselnde Raumlage der Tafel- und Geosynklinalgebiete und durch einen nur für sie typischen Komplex von Grenzstrukturen (Abb.) charakterisiert. Die Abfolge der präalpidischen Vorgänge kann wie folgt dargelegt werden.

Baikalische Etappe (Riphäikum)

Zu Beginn der baikalischen tektonischen Epoche wurde ein Teil der alten Pantafel, die das Ergebnis mehrerer präriphäischer Faltungen ist, zerstückelt und an einem Bruchsystem abgesenkt. An seiner Stelle legte sich danach ein breiter Geosynklinalgürtel an. Es kann angenommen werden (MEDWEDEW 1973), daß innerhalb des Untersuchungsgebiets ein Tiefenbruch (Randnaht) die Grenze

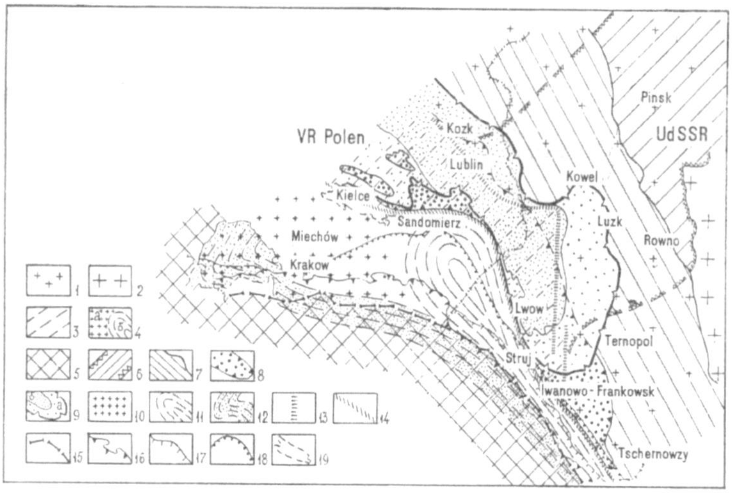

Abb. Schema der präalpidischen Struktur der westlichen Ukraine und Südpolens

1 — alte Osteuropäische Tafel, 2 — Ukrainischer Schild, 3—4 — junge Westeuropäische Tafel: 3 — epibaikalischer Anteil, 4 — epikaledonischer Anteil, 4a — unter variszischem Tafeldeckgebirge, 4b — von variszischem Deckgebirge nicht überlagert, 5 — variszisches Orogen der Präkarpaten und Sudeten, 6 — baikalische Querrandsenke (Ablagerungen der Polessjeserie des Riphäikums; unterbrochene Linie — Grenze der Senke, verdeckt von jüngeren Serien), 7—8 — kaledonisches Randsystem: 7 — perikratone Senke (Wendium bis Gedinne), 8 — Vorgebirgssenke (Siegen und Ems, unterbrochene Linie — Senke der Grenze unter jüngeren Serien), 9 — variszische postume Vorsenke: 9a — Mittel- und Oberdevon, 9b — Karbon-Lwow-Lubliner Steinkohlenbecken, 10 — variszisches Tafeldeckgebirge des epikaledonischen Anteils der jungen Tafel, 11 — variszisches randliches Tafelhochgebiet, 12 — variszische Vorgebirgssenke (Oberkarbon). Grenzen der Tafel- und Geosynklinalgebiete: 13 — in der baikalischen Etappe (Südwestgrenze der alten Osteuropäischen Tafel), 14 — in der kaledonischen Etappe, 15 — in der variszischen Etappe, 16 — Überschiebungslinie der Karpaten, 17 — Nordostgrenze der Innenzone der Karpatenvorsenke, 18 — Nord- und Nordostgrenze der Außenzone der Karpatenvorsenke, 19 — Konturen des Swietokrzyskie Gory

zwischen diesem Geosynklinalgürtel und der Osteuropäischen Tafel bildete, der nicht geradlinig (TORNQUISTsche Linie), sondern unterbrochen verläuft und innerhalb der Tafel eine Innenecke bildet. Er läßt sich zwischen den Ortschaften Kozk, Ustilug, Wladimir-Wolynski, Radechow, Peremyschljany, Tlumatsch, Korschew und Dawideny verfolgen. Gegenüber der Innenecke wurde, wie auch in anderen analogen Fällen (SCHATSKI 1946, CHAIN 1973), eine zum Tafelrand quer verlaufende Struktur, die Wolhynien-Orscha-Senke angelegt, in der sich im Lauf des Riphäikums unter ariden Bedingungen mehr als 800 m bunte terrigene Tafelablagerungen der Polessjeserie abgelagerten. Ähnliche Strukturen wurden erstmals von SCHATSKI (1945) als Querrandsenken beschrieben, deren grabenartige Analoga er später als Aulakogene bezeichnete. Die Wolhynien-Orscha-Senke weist jedoch keine grabenartige Form auf, deshalb dürfte es unserer Meinung nach richtiger sein, gerade sie als Querrandsenke zu bezeichnen. Sie stellt ein einheitliches, NE—SW-streichendes tektonisches Element des Untersuchungsgebiets dar. Alle übrigen, jüngeren Strukturelemente streichen NW—SE, d. h., ihre Streichrichtung fällt etwa mit dem Streichen der die Tafel umrahmenden Faltungszone zusammen. Auf Grund dieser Strukturplanänderung und der deutlichen Diskordanz zwischen Riphäikum und den überlagernden Serien wird die baikalische Etappe hier gerade innerhalb des Riphäikums ausgeschieden.

In der benachbarten Geosynklinale lagerten sich in dieser Zeit mächtige, hauptsächlich tonige Schichtenfolgen der Sanserie (WJALOW 1959) ab, die in Polen als Rzeszów-schichten (POŻARYSKI & TOMCZYK 1963) oder als Gorlicin-Schichten (KARNKOWSKI & OŁTUSZYK 1968) bezeichnet werden. Die riphäische Geosynklinale hatte offensichtlich eine große Ausdehnung. Die Funde von Phylliten der Sanserie im Geröllbestand der Flyschkonglomerate zeigen an, daß sie auch das Gebiet der späteren Karpaten umfaßte. Sie sind Abtragungsprodukte der inneren Kordilleren der Geosynklinale, die von Fundamentgesteinen des Flyschbeckens aufgebaut wurden.

Der Abschlußmoment der baikalischen Entwicklungsetappe ist in einer allgemeinen Hebung der Geosynklinale und der Tafel, in einer regionalen (Varanger- oder Lappland-) Vereisung fixiert; denn die Tillite, die in Wolhynisch-Podolien, in Bjelorußland und in Polen zwischen Riphäikum und Wendium liegen, sind ein deutlicher Ausdruck dieses Moments.

Kaledonische Etappe (Wendium bis Unterdevon)

Die kaledonische Etappe beginnt mit einem wesentlichen Umbau des regionalen Strukturplans. Ein Teil des Geosynklinalgürtels wurde als Folge der baikalischen Faltung konsolidiert und an die Tafel angegliedert. Als Grenze der kaledonischen Geosynklinale ist eine Tiefenbruchzone anzunehmen, die sich von Kielce über Sandomir, Rawa-Russkaja, Nikolajew, Otnynju bis nach Dawideny verfolgen läßt. Südwestlich dieser Tiefenbruchzone wurden mächtige dislozierte (und in den Innenbereichen der Geosynklinale sogar metamorphe) Ablagerungen des Oberen Proterozoikums und Altpaläozoikums (einschließlich des Gedinnes, Unterdevons) durch zahlreiche Bohrungen nachgewiesen, obgleich nordöstlich dieses Bruchs keine Anzeichen für eine kaledonische Faltung vorhanden sind. Dafür spricht das lückenlose Profil von Silur, Gedinne, Siegen und Ems, das in der Lysagora, nordöstlich von ihnen (Bohrungen Ciepielów 1, Ursinow 1, Pionki 4, Opole Lubelskie 3, Malochwej 1 u. a.) sowie in der paläozoischen Lwower Senke (Bohrungen im Gebiet von Litowesh, Wladimir-Wolynskij, Welikije Mosty, Dubljan u. a.) erbohrt wurde.

Im Innenbereich der Geosynklinale bildete sich zu Beginn der kaledonischen Etappe eine Struktur, die auf Grund ihres Aufbaus und ihrer Entwicklung als geoantiklinale Hochlage anzusehen ist, und die zwei Geosynklinaltröge trennte. Der südwestliche dürfte im Bereich der heutigen Karpaten gelegen haben, der nordöstliche im Gebiet von Kielce (Swietokrzyskie Gory) und der sowjetischen Vorkarpaten. In diesem Trog lagerte sich im Lauf der kaledonischen Etappe mächtiges sandig-toniges Wendium, Kambrium, Ordovizium, Silur und Gedinne ab. Zugleich erfolgte auch am Tafelrand eine intensive Absenkung, die durch die Ablagerung von örtlich über 4000 m mächtigen Wendium-Gedinne-Sedimenten kompensiert wurde. Dieser randliche Absenkungsbereich der Tafel wird von uns als kaledonische perikratone Senke gedeutet.

Der nächste wichtige Einschnitt in der Geschichte des Untersuchungsgebiets — die Endphase der kaledonischen Faltung (erische oder genauer siegerländische Phase) — ist das Schließen der kaledonischen Geosynklinale und die Entstehung eines flachen Gebirgssystems und einer nordöstlich davon gelegenen Senke mit bis 1300 m mächtigen Old Red-Sedimenten. Auf Grund der tektonischen Position dieser Senke, vor dem Faltengebirge, ihrer Anlagezeit, die mit den Abschlußbewegungen in der benachbarten Geosynklinale zusammenfällt, der sehr kurzen Entwicklungsperiode (Siegen bis Ems), die nur dem Stadium der Gebirgsbildung entspricht, und schließlich auf Grund der Merkmale ihrer Sedimentfüllung, ist sie unserer Meinung nach als kaledonisches Analogon der Vorgebirgssenken der Varisziden und Alpiden anzusprechen.

Somit waren die strukturellen Zusammenhänge von Tafel und Geosynklinale in der kaledonischen Etappe schon anders geartet als in der vorhergehenden. Zusammen mit der Querrandsenke bildete sich in der Scharnierzone von Tafel und Geosynklinale eine Grenzstruktur heraus, der am besten der Begriff des Randsystems zukommt und die eine Kombination von perikratoner und Vorgebirgssenken darstellt. Letzteres liegt — wie auch in allen anderen Gebieten — in dem am stärksten eingesenkten Teil der perikratonen Senke; sie folgt ihr postum und geht allmählich in sie über, um mit ihr ein einheitliches Ganzes zu bilden.

Der Bildungszeit nach entspricht die perikratone Senke dem Absenkungsstadium der benachbarten Geosynklinale, die Vorgebirgssenke dem orogenen Stadium.

Variszische Etappe (Mitteldevon bis Karbon)

Zu Beginn der variszischen Etappe vergrößerte sich die junge Tafel, die früher die Zone der Baikaliden mit einschloß, auf Kosten der konsolidierten Kaledoniden. Geosynklinale Verhältnisse konnten in dieser Etappe nur im Bereich der heutigen Karpaten und Sudeten bestehen. Im übrigen Gebiet können keine Varisziden ausgeschieden werden. Tatsächlich sind Ablagerungen, die ihrer Bildungszeit nach die Varisziden (Devon bis Karbon) mit aufbauen könnten, sowohl in der westlichen Ukraine als auch in den benachbarten Gebieten Polens, d. h. in der Lubliner Senke, im Swietokrzyskie Gory, auf den Malopolhöhen, in den Vorkarpaten und im Oberschlesischen Steinkohlenbecken, weit verbreitet. Sie bestehen aus rotgefärbtem terrigenem, kontinentalem Unterdevon, kalkigem Mitteldevon bis Oberdevon, Kalken oder sandig-tonigen Gesteinen des Dinants (mit wechselseitigen Übergängen), paralischem oder limnischem Siles, d. h. einem Formationsspektrum, das ganz offenkundig keine Anklänge an die Geosynklinalsedimentation zeigt. Sie sind überhaupt kein Bestandteil der Geosynklinalen und in vielen Tafelsenken weit verbreitet. Folglich können auf Grund der formationellen und strukturellen Merkmale des variszischen Komplexes in keinem der zahlreichen Gebiete die Varisziden ausgeschieden werden.

Ein Spannungsstil der Tektonik mit ausgedehnten, nach NE einfallenden asymmetrischen Falten und Überschiebungen, ist nur im Westteil der paläozoischen Senke von Lwow zu beobachten, d. h. in dem Gebiet, das alle Anhänger einer Ausscheidung der Varisziden nur als Endung (Schluß) der Varisziden Polens, insbesondere des Swietokrzyskie Gory, ansehen (GLUSCHKO 1968, UTROBIN 1968 u. a. Autoren). Jedoch werden nach NW, d. h. auf polnischem Gebiet, die plikativen Dislokationen nicht intensiver, wie das zu erwarten wäre, sondern im Gegenteil schwächer. Die Strukturen nehmen die Form von Grabensynklinalen, Horstantiklinalen, Gräben und Horsten an. Die Brüche stehen fast vertikal und zeigen in der Nähe des Swietokrzyskie Gory sogar inverses Einfallen (ZNOSKO 1968, ZELICHOWSKI 1972 u. a.). Schon deshalb kann der Westteil der Lwower Senke nicht als Ende der „Varisziden" Polens angesehen werden. Außerdem führte in der Lwower Senke und in der Lubliner Senke die bretonische Phase der variszischen Tektogenese zu mehreren Sedimentationslücken und zu einem intensiven Vulkanismus. Gleichzeitig verlief die Sedimentation im Swietokrzyskie Gory ungestört; denn Nachhall der bretonischen Phase waren nur Faziesänderungen und vielleicht Hebungen einzelner Blöcke im südwestlichen Swietokrzyskie Gory. Im übrigen Südpolen sind ebenfalls nur lokale stratigraphische Diskordanzen (ZAKOWA & JACHOWICZ 1970) nachzuweisen. Im Swietokrzyskie Gory selbst fehlen Anzeichen für eine alpinotype Faltung; das ist schon lange von vielen Autoren betont worden.

Die Lysagora stellt eine nordfallende Monoklinale dar, die durch einige kleine Hebungsgebiete (Bronkowicz, Wydrysowa, Ptkanowa, Godowa) und durch die Bodsentisenke kompliziert wird. Im Gebiet von Kielce lassen sich weitaus mehr Strukturen ausscheiden, aber auch hier liegen die Devon- und Karbonablagerungen relativ flach. Die Fallwinkel werden nur in der Nähe der Bruchzonen größer, wo die triassischen, jurassischen und kretazischen Schichten steil (60—90 Grad) einfallen und sogar Devon auf Trias oder Ordoviz auf Malm überschoben sind (ZNOSKO 1963). Berücksichtigt man den Einfluß der alpidischen Bewegungen, dann zeigt sich, daß die variszischen Gesteine mit Winkeln zwischen 5 und 20—25 Grad einfallen. Fehlende Metamorphose, Schieferung und fehlender geosynklinaler Vulkanismus betonen den Tafelcharakter der Entwicklung dieses Gebiets in der variszischen Etappe noch mehr.

Das gleiche trifft auch für die Karpatenvorsenke, für die Miechowsenke und für das Oberschlesische Becken zu, wo alpinotype Faltung ebenfalls fehlt und Blocktektonik vorherrscht. Die Devon- und Karbon-Ablagerungen lagern schwach wellig und werden durch ein NW—SE- und NE—SW streichendes Bruchsystem in mehrere herausgehobene und abgesenkte Blöcke zerteilt (KICUŁA & ŻAKOWA 1972; KONIOR 1971; EKIERT 1971; JAWOR 1970; JURKIEWICZ 1975).

Wenn man annimmt, daß die Varisziden im außerkarpatischen Südpolen vorhanden sind, kann das Lwow-Lubliner-Steinkohlenbecken als Vorgebirgssenke dieser Varisziden angesehen werden. Diese vor der Orogenfront gelegene Senke muß mit jüngeren Ablagerungen ausgefüllt sein. Diese leiten sich hauptsächlich von diesem Orogen her. Das Material wurde aus südwestlicher Richtung herantransportiert. Jedoch spricht die Faziesverteilung der Karbonablagerungen (ZELICHOWSKI 1972 u. a.) dagegen, da in dieser Zeit terrigenes Material vorwiegend von E und NE, aus der Richtung der Osteuropäischen Tafel geschüttet wurde.

Schließt man die Tatsache an, daß im außerkarpatischen Anteil der Westukraine und Südpolens — mit Ausnahme der Sudeten — nirgends weder eine tektonische noch eine stratigraphische Diskordanz zwischen Unter- und Oberkarbon vorliegt, so ist zusammenfassend zu folgern, daß in diesem Gebiet weder eine variszische Geosynklinale noch ein variszisches Orogen oder eine variszische Vorgebirgssenke existierten.

In der Ukraine bildete sehr wahrscheinlich der Vorkarpatentiefenbruch die Grenze der variszischen Geosynklinale; dieser läßt sich von Kosmatsch über Deljatin, Nadwornaja, Drogobytsch nach Dobrobil verfolgen. Im Gebiet von Sanok und Przemysl biegt er nach W, in Richtung der Sudeten um.

Im folgenden wird erörtert, welche Nomenklatur auf die in der variszischen Etappe entstandenen Strukturen anzuwenden ist.

Nomenklatur der variszischen Strukturen

Im Bereich der kaledonischen Vorgebirgssenke dauert die Einsenkung der Tafel in einem etwas breiteren Streifen an. Hier wurden marine, vorwiegend karbonatische faunenreiche Sedimente des Mittel- und Oberdevons abgelagert. Nach einer gewissen Lücke, die auf die bretonische Faltungsphase zurückgeht, beginnt sich das kohleführende Karbon zu bilden. Die Devon- und Karbonablagerungen in der Ukraine sind insgesamt 2000 bis 2100 m und mehr als 3500 m in Polen mächtig. Gerade diese Senke wurde auch als paläozoische Senke von Lwow-Lublin, ihr karbonischer Anteil als Lwow-Lubliner Steinkohlenbecken bezeichnet. Auf Grund ihrer Lage in der Scharnierzone von alter und junger Tafel über der kaledonischen Vorgebirgssenke, der Entwicklungsdauer, der sehr mächtigen Sedimentfüllung, der hohen Sedimentationsgeschwindigkeiten, die an die in Geosynklinalen heranreichen, ist diese Struktur als postume Vorsenke einzustufen.

In der variszischen Etappe entstand auch innerhalb des epikaledonischen Anteils der Tafel ein recht mächtiges Tafeldeckgebirge. Eine Ausnahme bildet der Raum zwischen der postumen Vorsenke und der variszischen Geosynklinale. Lange Zeit behielt er die Tendenz vorwiegender Aufwärtsbewegung bei und trennte das geosynklinale Sedimentationsbecken vom Tafelbecken, d. h. er stellte ein randliches Tafelhochgebiet dar.

Eine wichtige Rolle spielte diese Struktur auch in der Folgezeit, im Meso- und Känozoikum. Schon zu Beginn dieses Jahrhunderts äußerten SCHAJNOCHA und SUBER, daß vor der Karpatenfront ein alter Wall gelegen haben könnte, der sich vom Swietokrzyskie Gory bis zur Dobrudsha erstreckte und der in das Flysch- und Molassebecken „exotisches" Material schüttete. Diese These wurde von fast allen späteren Autoren übernommen. In den letzten Jahren figurierte dieser Wall in der Literatur als Sandomir-Dobrudsha-, Sandomir-Stanislawskaja- oder als Stanislawskaja-Kette. Allgemein wurde angenommen, daß sie die unmittelbare Fortsetzung der Kielce-Sandomir-Bergkette bildet. WJALOW (1955, 1971) konnte jedoch nachweisen, daß sie nicht als Fortsetzung irgendeiner bestimmten tektonischen Einheit angesehen werden kann.

Lage und Dimension dieses randlichen Tafelhochgebiets änderten sich mehrfach in den verschiedenen Zeiten. Im Mesozoikum wurde es denudiert und vom Meer bedeckt, war aber post-Tithon in Zusammenhang mit der pazifischen Faltung (höchstwahrscheinlich in deren andiner Phase) erneut wirksam. Im Laufe der gesamten Kreide und des Paläogens trennte es das Flyschgeosynklinalbecken der Karpaten und das Tafelbecken. Die gleiche Rolle — randliches Tafelhebungsgebiet — spielte diese regenerierte Kette auch im Untermiozän und begrenzte im NE die Innenzone der Vorkarpatensenke. Sie lag am Rande der späteren Außenzone, und erst nachdem die Außenzone in die Absenkung einbezogen war (ab Torton), wurde diese Gebirgskette unter den miozänen Molassen begraben.

Zwischen Unter- und Oberkarbon (nach der europäischen Gliederung) wurde die ausgedehnte Geosynklinale, die auch das Territorium der heutigen Karpaten und der Sudeten umfaßte, gefaltet, und es entstand ein Faltengebirge, von dem wahrscheinlich in Richtung Tafel große Mengen terrigenen Materials transportiert wurden. Es wurde indessen nicht in die Lwow-Lubliner Senke geschüttet, da die Senke vom Tektogen 80 bis 200 km entfernt war und von ihm durch die randliche Tafelhochlage und das übrige herausgehobene Territorium der jungen Tafel getrennt war. Folglich mußte dieses Material an einer anderen Stelle, und zwar in der Vorgebirgssenke, diesem konstanten Begleiter der linearen variszischen Tektogene, abgelagert worden sein, die sich zwischen dem epikaledonischen Anteil der Tafel und dem variszischen Tektogen im Bereich der Karpaten bildete. Heute ist sie von den jüngeren Bildungen der alpidischen Entwicklungsetappe überlagert. Jedoch bezeugen große oberkarbonische Kohlenbruchstücke in den Flysch- und Molassesedimenten längs des gesamten Nordhangs der Karpaten ihre Existenz. Anderenfalls könnten, wenn die Oberkarbonablagerungen nicht am Aufbau des Fundaments der Karpaten beteiligt gewesen wären, auch keine Kohlenbruchstücke entsprechenden Alters vorkommen. Unter diesen paläotektonischen und paläogeographischen Verhältnissen, die vorlagen, als sich der Flysch und die Molassen bildeten, konnte ein bei Transport derartig schnell zerstörbares Material wie Kohle von nirgend woher weiter herantransportiert werden.

Die variszische Vorgebirgssenke reicht unter der Karpatenüberschiebung vom Oberschlesischen Becken, das höchstwahrscheinlich sein Bestandteil ist, bis zu den Pokutkarpaten und vielleicht auch noch weiter, bis in die Dobrudsha. Im NW, in Gorny Šlask, wird sie von einer Querhochlage, dem „Metakarpaten-Wall", unterbrochen. Seine Fortsetzung ist unter dem Tafeldeckgebirge der Vorsudetenmonoklinale und im „Kohlengürtel Europas" zu suchen.

Die Gesamtheit aller dieser dargestellten tektonischen Elemente bestimmte auch die präalpidische Grundstruktur der westlichen Ukraine und Südpolens.

Abschließend soll betont werden, daß das dargestellte Gebiet vom Standpunkt vieler geotektonischer Grundthesen außerordentlich interessant ist. Hier können, wie in keinem anderen Gebiet, auf relativ kleinen Raum die Wechselbeziehungen zwischen Tafel und Geosynklinale über den Zeitraum der gesamten Neogäa beobachtet und, wenn auch nicht alle, so doch die meisten Typen von Grenzstrukturen ausgeschieden werden. Hier lassen sich von Etappe zu Etappe der Prozeß des Anbaus der Tafel über eine fortschreitende Konsolidierung der immer jüngeren Geosynklinalsysteme und der Wechsel einzelner Komplexe der Grenzstrukturen zu anderen verfolgen. Es ist ein einzigartiges Gebiet, in dem die kaledonische Vorgebirgssenke und das kaledonische Randsystem nachgewiesen wurden, und schließlich wohl das einzige Gebiet, in dem in einer solch engen Nachbarschaft, lokal sogar übereinander, drei Vorgebirgssenken, die kaledonische, die variszische und die alpidische Vorgebirgssenke, auftreten.

Zusammenfassung

Am Beispiel der Westukraine und Südpolens, die in der Scharnierzone von Osteuropäischer Tafel und verschiedenaltrigen Anteilen des mediterranen Geosynklinalgürtels liegen, werden die zeitlich-räumlichen Wechselbeziehungen zwischen Tafeln und Geosynklinalen dargestellt. Die geotektonische Entwicklung der Scharnierzone zwischen Riphäikum und Karbon zeichnet sich dadurch aus, daß sich infolge fortschreitender Konsolidierung der immer jüngeren Geosynklinalsysteme die Tafel fortbaut und daß zwischen Tafel und Geosynklinale ein kontinuierlicher Senkungsraum (kaledonische, variszische und alpidische Vorgebirgssenke) existiert.

Zeitschrift für angewandte Geologie, Bd. 23 (1977), Heft 10

Резюме

На примере западной Украины и южной Польши, лежащие в шарнирной зоне Восточноевропейской платформы и разновозрастных частях средиземного геосинклинального пояса, представляются временно-пространственные взаимоотношения между платформами и геосинклиналями. Геотектоническое развитие шарнирной зоны между рифейским и каменноугольным временами вычеркивается тем, что в следствие проходящей консолидации всегда более молодных геосинклинальных систем платформа простроится и что между платформой и геосинклиналью существует постоянное пространство опускания (каледонские, варисцийские и алпидские предгорные впадины).

Summary

The Western Ukraine and Southern Poland situated in the bend zone of the Eastern European Platform and parts of different ages of the Mediterranean geosynclinal belt serve as an example to describe in space and time the mutual relations between platforms and geosynclines. The geotectonic development of the bend zone between Riphaean and Carboniferous is distinguished by a continuing structure of the platform due to a progressive consolidation of the ever younger geosynclinal systems, and by the existence of a continuous depression area (Caledonian, Variscan and Alpidic promontory depression) between platform and geosyncline.

Literatur

CHAIN, W. E.: Obstschaja geotektonika (Allgemeine Geotektonik). – Isdat. Nedra, Moskau 1973.

EKIERT, F.: Budowa geologiczna podpermskiego podłoza północnowschodniego obrzezenia Górnośląskiego Zagłebia Weglowego. – Prace Inst. geol., **66**, Warszawa 1971.

JOWAR, E.: Wgłebna budowa geologiczna na wschód od Krakowa. – Acta geol. pol., **20**, 4, Warszawa 1970.

JURKIEWICZ, H.: Budowa geologczna podłoza mezozoiku centralnej cześci niecki Miechowskiej. In: Z badań geologicznych regionu Swietorkzyskiego. – Biul. Inst. geol., **11**, 283 S., Warszawa 1975.

KARNKOWSKI, P.; OŁTUSZYK, S.: Atlas geologiczny przedgórza Karpat Polskich sk. 1:500000. – Inst. geol.. Warszawa, Warszawa 1968.

KICUŁA, J.; ZAKOWA, H.: Dewon i karbon w podłozu południowej czesci niecki Miechowskiej. – Rocz. pol. Tow. geol., **42**, 2–3, Krakow 1972.

KONIOR, K.: Zagadnienie południowej granicy GZW w świetle najnowszych wierceń i prac geofizycznych. – Kwart. geol., 2, Warszawa 1971.

MEDWEDEW, A. P.: Pro pryrodu Lwiwskogo paleozoiskogo progynu. – Geologija i geochimija gor. kopalin, **25**, Kiew 1971.

– Do pytannja pro trywalist' baikalskogo etapu roswytku Wolyno-Podillja. – Geol. i Geochim. gor. kopalin, **32**, Kiew 1972.

– O metodike opredelenija poloshenija jugo-sapadnoi granizy Russkoi platformy w predelach Wolyno-Podolja (Zur Festlegungsmethodik der Lage der Südwestgrenze der Russischen Tafel innerhalb von Wolhynisch-Podolien). – Geol. Sb. lwow geol. Obstsch., 14, Lwow 1973.

– Pro doalpisku strukturu zachidnych oblastei Ukrainy ta sumisnych rajoniw Polsci. – Dokl. AN Ukr. SSR, Ser. B, 12, Kiew 1973 (1973a).

POSHARYSKI, W.; TOMCZYK, G.: Strukturno-fazialnye sony v paleozoe severnoj i vostotschnoi Polschi (Die Strukturfazieszonen im Paläozoikum von Nord- und Ostpolen). – West. mosk. Univ., Ser. Geol., 2, Moskau 1968.

SCHATSKI, N. S.: Bolschoi Donbass i sistema Witschita (Der Große Donbass und Quachita-System). – Iswest. AN SSSR, Ser. geol., 6, Moskau 1946.

WJALOW, O. S.: Cas utvorennja flisowogo trogu Karpat i charakter porid jogo fundamentu. Dokl. AN Ukr. SSR, Ser. B, 6, Kiew 1950.

– K geologii fundamenta Predkarpatskogo kraewogo progiba (Zur Geologie des Fundaments der Vorkarpaten-Randsenke). – Utsch. Zap. lwow, gos. Univ., **35**, 8, Lwow 1955.

– Pro vik selenych filitiw u galci molasovych konglomerativ Prikarpatija. – Geol. Sh., **29**, 6, Kiew 1959.

– Nekotorye voprosy istorii razwitija Karpat (Einige Probleme der Entwicklungsgeschichte der Karpaten). – Geotektonika, 4, Moskau 1967.

– O paleogeografitscheskich i formazionnych osobennostjach Karpat i primykajustschich progibow (Über die paläogeographischen und formationellen Merkmale der Karpaten und angrenzender Senken). – Acta geol. Acad. sci. hung., 15, Budapest 1971.

ZAKOWA, H.; JACHOWICZ, A.: Karbon. In: Geologia i surowce mineralne Polski. Cz. 4. Rozwój osadów i koncentracji mineralnych w basenach sedymentacyjnych. – Wydawn. geol., Warszawa 1970.

ZELICHOWSKI, A. M.: Rozwój budowy geologicznej obszaru miedzy Górami Swietokrzyskimi i Bugiem. – Biul. Inst. geol., 263, Warszawa 1972.

ZNOSKO, E.: Problemy tektoniczne obszaru pozakarpackiej Polski. – Prace Inst. geol., **30**, 4, Warszawa 1963.

– (Red.): Geologičeskij atlas Polski, masstaba 1:2000000 (Geologischer Atlas Polens i. M. 1:2000000). – Izdat. Inst. geol., Warszawa 1968.

Magmatische Tiefenprozesse, die mit ihnen zusammenhängende Tektogenese und die Entwicklung eines mobilen Gürtels der Erdkruste

BALASANJAN, S. I., UdSSR

In allen mobilen Gürteln der Erdkruste wird ein enger Zusammenhang zwischen Magmatismus und Tektonik beobachtet. Das zeigt sich besonders im Kleinen Kaukasus, wie bereits häufig in der Literatur dargestellt (ASLANJAN 1958, GABRIELJAN 1959, LEONTJEW & CHAIN 1949, PAFFENGOL 1937). Die magmatischen und tektonischen Prozesse entwickeln sich gleichzeitig. Sie sind periodisch sich wiederholende, unterbrochene Erscheinungen. Deshalb werden in der Geschichte der Entwicklung der mobilen Gürtel gewöhnlich eine Reihe tektonisch-magmatischer Etappen und entsprechende tektonisch-magmatische Komplexe unterschieden.

Im Verlauf der ersteren ist ein genauer Zusammenhang bestimmter Magmentypen mit dem Charakter und dem Vorzeichen tektonischer Bewegungen zu beobachten. In allgemeinen Zügen fällt das Auftreten des basischen Magmatismus in der ersten Hälfte der Etappe zeitlich mit negativen Bewegungen zusammen. Der saure Vulkanismus und Plutonismus entwickeln sich darauffolgend in der zweiten Hälfte der Etappe im Zusammenhang mit aszendenten Schwingungs- und Gebirgsbildungsbewegungen. Sogar im Verlauf einzelner geologischer Zeitabschnitte werden innerhalb einer einheitlichen tektonischen Zone die einen Gebiete durch Hebung und Eindringen von saurem Magma gekennzeichnet, während sich gleichzeitig in benachbarten abtauchenden Senken der basische Vulkanismus entwickelt. So werden in der tektonischen Somcheto-Karabachsker Zone des Kleinen Kaukasus in der Unterkreide gleichzeitig mit der Herausbildung saurer subvulkanischer Körper und Granitoide in den Antiklinorien von Alaverdi und Kafan und in einigen Senkungsgebieten (Agstew-Taus und Kafan) basische Vulkanite gebildet. Im Oberen Bajocien werden bei allgemeiner Absenkung dieser tektonischen Zone vulkanogene Gesteine basischer Zusammensetzung gebildet, aber gewisse Bereiche (Schamchor, Schamschadinsk) zeigen die Tendenz zur Hebung, verbunden mit der Entwicklung eines sauren Vulkanismus.

Auf die parallele Entwicklung des basischen Vulkanismus in negativen Strukturen und des sauren Magmatismus in positiven Mischzonen weisen ASHGIREI (1967) für den Kleinen Kaukasus, SCHREIS (1967) für Geosynklinalbereiche, NAGIBINA (1963) für die paläozoische Geschichte des mongolisch-ochotskischen Gürtels usw. hin. All das zeugt von der Einheit magmatischer und tektonischer Prozesse, die aus einer gemeinsamen Ursache entstehen.

Eingang des Manuskripts in der Redaktion: 28. 12. 1976.

Uns scheint die Hypothese darüber am wahrscheinlichsten, daß der Magmatismus und die tektonischen Bewegungen das Ergebnis der Veränderung des physikalischen Zustands der Materie in der subkrustalen Hülle sind. Aller Wahrscheinlichkeit nach bilden sich im Mantel unter dem Einfluß von Wärmeenergie gewaltige magmatische Zonen aus, die tektonische und magmatische Erscheinungen in der Erdkruste hervorrufen. Der mobile Gürtel umreißt an der Erdoberfläche in grober Näherung die Konturen dieser magmatischen Zone im Mantel.

Magmatische Tiefenzonen

Von den grandiosen magmatischen Tiefenzonen, die in der geologischen Vergangenheit existiert haben, zeugen das Vorkommen umfangreicher vulkanogener Bildungen basischer Zusammensetzung, der hunderttausende Quadratkilometer große Ophiolitgürtel, gewaltige Batolithintrusionen, gigantische Extrusionen von basischen Magmen, die als Basalte der Trapp-Formationen vorliegen. Es genügt festzustellen, daß sie ultrabasische Gesteine mit einer Länge bis zu 2500 km bilden. Die sibirischen Trappe (DAMINOWA 1967) nehmen 1550000 km² bei einer Gesamtmächtigkeit von 3 km ein, und die magmatischen kretazischen Formationen des Ochodskischen Gürtels, die aus einer Quelle hervorgegangen sind, nehmen mehr als 186000 km² ein (USTIJEW 1965).

Die beginnenden deszendenten Bewegungen im Gürtel widerspiegeln die Tatsache der Erweichung ganzer Abschnitte des Mantels, die einer künftigen magmatischen Zone entsprechen. Der weitere Übergang ihres Materials in den flüssigen Zustand führt allmählich zur ungleichmäßigen Absenkung des mobilen Gürtels, die ein Zerbrechen der Erdkruste in Blöcke, verbunden mit Brüchen, hervorruft. Infolge Zerrung erhöht sich die Durchlässigkeit der Erdkruste. Es kommt zum Eindringen großer Massen von basischem, manchmal ultrabasischem Magma, das seinerseits die allgemeine Absenkung des gesamten Gürtels fördert. Die differenzierte Absenkung ist wahrscheinlich mit der ungleichmäßigen Energieverteilung in der magmatischen Zone und mit dem heterogenen Bau der Erdkruste im Bereich des mobilen Gürtels verbunden.

Im Zusammenhang mit der Zunahme der Durchlässigkeit wird die Möglichkeit geschaffen, daß Wärmeenergieströme in den Bereich der Erdkruste eindringen können, wo magmatische Quellen saurer Zusammensetzung entstehen, die in der Hauptsache in den späten Stadien der tektonisch-magmatischen Etappe wirken. In der Erdkruste und im oberen Mantel entwickeln sich auch magmatische Herde basischerer Zusammensetzung durch Eindringen von Magma aus einer magmatischen Tiefenzone. Im weiteren Verlauf erfährt ihre Zusammensetzung eine Veränderung durch Tiefenassimilation. Es ist natürlich ein Anwachsen der Azidität der Herde zu erwarten, die sich in der Erdkruste befinden. Sie können eine intermediäre oder saure Zusammensetzung in Abhängigkeit von ihrer räumlichen Lage, vom Chemismus der Nebengesteine und anderer Faktoren annehmen.

Tektonisch-magmatische Etappe

Demzufolge entstehen im Verlauf einer tektonisch-magmatischen Etappe über der magmatischen Tiefenzone in verschiedenen Niveaus ungefähr gleichzeitig magmatische Substanzen unterschiedlicher Zusammensetzung. Für eine solche Vorstellung spricht in einer Reihe von Fällen das gleichzeitige Auftreten von sauren und basischen Magmen im Bereich einer einheitlichen Zone, worüber bereits berichtet wurde. Das weist darauf hin, daß in den Produkten des basischen Magmas Zwischenschichten saurer Effusiva vorkommen. Manchmal wechsellagern sogar saure Vulkanite mit basischem Ergußgestein (ASLANJAN 1958).

In späten Stadien der tektonisch-magmatischen Etappen kommt es durch Energieverlust und Erlöschen der Tätigkeit der magmatischen Tiefenzone in der subkrustalen Hülle zu einer Verringerung des Materialvolumens. Dieser Vorgang zeichnet sich durch die Entstehung von Druckkräften ab und ist außerdem verbunden mit der Bildung von Falten, kleineren Brüchen und anderen Störungen im mobilen Gürtel. Dieser Prozeß führt zur allmählichen Heraushebung des Gürtels und zur Auspressung von saurem Magma in die oberen Stockwerke der Erdkruste. Zu Beginn erreicht das saure Magma auf den entstandenen Störungen die Erdoberfläche unter Bildung von Ergußgesteinen. Später bleibt es unter den Bedingungen entstehender Druckkräfte in der Tiefe stecken, wobei es saure Intrusiva liefert. Deshalb fällt offensichtlich die Intrusion von Granitoiden zeitlich mit einer großen Hebungs- und Faltungsgeschwindigkeit zusammen. Die allgemeine Heraushebung des Gürtels wird wahrscheinlich durch flüchtige Komponenten gefördert, die aus den sauren Quellen und der magmatischen Zone in späteren Tätigkeitsstadien in großen Mengen freigesetzt werden.

So kann man annehmen, daß die tektonischen und magmatischen Erscheinungen im mobilen Gürtel mit einer magmatischen Tiefenzone verbunden sind. Die tektonischen Bewegungen sind wahrscheinlich die oberflächliche Widerspiegelung magmatischer Prozesse, die in riesigen Ausmaßen in den tiefen Teilen unseres Planeten vor sich gehen (BALASANJAN 1968). Man muß feststellen, daß die tektonischen Bewegungen im mobilen Gürtel offensichtlich den magmatischen Erscheinungen vorauseilen, weil für den Aufstieg des Magmas günstige Bedingungen erforderlich sind, die etwas später im Zusammenhang mit der Entstehung von Brüchen geschaffen werden. Letztere entstehen möglicherweise anfangs in der subkrustalen Hülle und reichen dann durch allmähliches Anwachsen bis in die Erdkruste. Bei ungenügender Durchlässigkeit werden die tektonischen Bewegungen nicht durch magmatische Erscheinungen begleitet. Als Beweis dafür dienen die Myogeosynklinalen oder das Fehlen von magmatischen Erscheinungen in Eugeosynklinalen in einzelnen, in tektonischer Hinsicht aktiven geologischen Zeitabschnitten.

Das periodische Wiederaufleben

von magmatischen und tektonischen Erscheinungen im Gürtel zu bestimmten Zeitpunkten, die tektonisch-magmatischen Etappen entsprechen, erlaubt es anzunehmen, daß die Zufuhr oder die Entstehung von Energie, durch die die Zustandsänderung der Mantelmaterie bewirkt wird, pulsierenden Charakter trägt. Die thermischen Verhältnisse der magmatischen Tiefenzonen bestimmen im Grunde genommen den Gesamtablauf der tektonischen und magmatischen Erscheinungen des mobilen Gürtels. Am Ende einer jeden tektonisch-magmatischen Etappe wird die Wärmeenergie fast völlig erschöpft und es beginnt eine Periode der Hebung des mobilen Gürtels. Eben dadurch kommt es zu einer Herstellung des Gleichgewichts zwischen der Kruste und dem Mantel der Erde. Der Gürtel stagniert kurzzeitig in einer relativen Ruhe.

Bei der Evolution des mobilen Gürtels wird eine gerichtete Entwicklung des Magmatismus und der Metallogenie sichtbar und am Beispiel vieler Gebiete bewiesen (AFANASJEW 1952, BALASANJAN 1968 u. a.). Zum Beispiel wird so beim Übergang von den frühen zu den späten tektonisch-magmatischen Etappen des Kleinen Kaukasus eine zunehmende Vielfalt magmatischer Gesteine und Erzformationen, eine Komplizierung der stofflichen Zusammensetzung der monotypen Formationen sowie eine Erhöhung ihrer Alkalinität (besonders Kalium) usw. beobachtet (BALASANJAN 1963). Außerdem lassen die Produkte des Magmatismus jeder tektonisch-magmatischen Etappe gewisse gemeinsame Züge mit der vorhergehenden Etappe erkennen (BALASANJAN 1963). Eine solche ererbte Entwicklung wird auch in der endogenen Erzbildung festgestellt. Ihre Gesetzmäßigkeit bei einer Lagerstätte typomorpher Metalle auf dem Gebiet der UdSSR hat allgemeine Bedeutung (SMIRNOW 1959). Dabei ist festzustellen, daß sich die genannten Gesetzmäßigkeiten in geringerem Maße periodisch im Verlauf der einzelnen tektonisch-magmatischen Etappen wiederholen. Die beobachtbare gerichtete und ererbte Entwicklung des Magmatismus in der Geschichte eines mobilen Gürtels ist ein Ausdruck der allgemeinen Evolution der äußeren Hüllen der Erde.

Differenzierung und Komplizierung

Entsprechend bestehender Vorstellungen (WINOGRADOW 1959) bildete sich die volumenmäßig kleine äußere Hülle der Erde auf Kosten des ursprünglichen ultrabasischen Materials des Mantels. Man kann annehmen, daß sie sich durch mehrmalige Wiederbelebung von magmatischen Tiefenzonen herausgebildet hat. In letzteren kommt es selten zur Entstehung einer ultrabasischen Schmelze, die in der Zusammensetzung dem Ausgangsmaterial des Mantels nahekommt. Gewöhnlich kommt es zu einem Ausschmelzen leichtschmelzbarer Substanzen basischer Zusammensetzung, wovon die große Verbreitung von basaltischen Vulkaniten in den mobilen Gürteln zeugt. Durch das periodische Ausschmelzen und das nachfolgende Auspressen leichtschmelzender Komponenten des Mantels nehmen die oberen Horizonte der Erde, die sich über magmatischen Tiefenzonen befinden, eine saurere und alkalischere Zusammensetzung an. Andererseits erhöht sich durch Migration von Silizium, Natrium, Kalium und anderen leichten Elementen in den Bereich der Erdkruste die Basizität der Bereiche des Mantels, in denen die Umschmelzung und Auspressung vor sich geht. Im Zusammenhang mit der Verdickung der Erdkruste im Laufe der Zeit wird die Möglichkeit für das Auftreten von magmatischem Material von saurerer Zusammensetzung in ihr geschaffen.

All das führt zur Komplizierung der Zusammensetzung und des Baus der äußeren Krustenteile, was günstige Umstände für die Entstehung immer größerer Gesteinstypen- und Erzformationen schafft. Möglicherweise verbirgt sich darin die Ursache für die wachsende Vielfalt magmatischer Gesteine und die Erhöhung ihrer Alkalinität beim Übergang von alten zu jungen tektonisch-magmatischen Etappen.

Im Bereich des Kleinen Kaukasus entstanden frühe magmatische Etappen offensichtlich durch Ausschmelzung eines monotypen Ausgangsmaterials des Mantels, und deshalb sind sie durch einfache Zusammensetzung und allgemein verringerte Alkalinität gekennzeichnet. Man muß besonders den niedrigen Kaliumgehalt in allen Gesteinstypen, auch in den sauren Komponenten, feststellen. Die jungen Komplexe werden als Ergebnis einer häufigen Umarbeitung der Mantelmaterie betrachtet. Sie unterscheiden sich von alten Gesteinen durch komplizierte Zusammensetzung und erhöhten Kaliumgehalt. Die jungen sauren und alkalischen Komplexe, die sich durch einen hohen Kaliumgehalt auszeichnen, wurden durch Ausschmelzung von Gesteinen der Erdkruste gebildet. Deshalb kann man sie als Endglieder der Umarbeitungsprodukte von Mantelmaterie betrachten.

Alle Eruptivgesteine mit Ausnahme der ultrabasischen sind letzten Endes in unterschiedlichem Maße ein Umarbeitungsprodukt der Mantelmaterie. Die gerichtete Entwicklung des Magmatismus ist die Folge der mehrmaligen Umarbeitung von Mantelmaterie im Bereich eines bestimmten Abschnitts der Erde, und die ererbte Entwicklung unterstreicht die genetische Gemeinsamkeit der Gesteine dieser Materie. Über den Grad der Umarbeitung letzterer kann man sich nach unserer Meinung anhand des Kaliums ein Urteil bilden, dessen Anteil sowohl im Verlauf der einzelnen tektonisch-magmatischen Etappen als auch in der geologischen Geschichte des Gürtels wächst.

Man muß feststellen, daß jeder mobile Gürtel seine spezifischen Entwicklungsbesonderheiten hat, und daß das Umarbeitungsprodukt der Mantelmaterie manchmal in verschiedenen tektonisch-magmatischen Etappen auftritt. Außerdem lassen die gleichaltrigen und monotypen Gesteine verschiedener Gürtel eine große Vielfalt erkennen, was offensichtlich die geochemische Spezifik des Mediums der magmatischen Tiefenzonen widerspiegelt.

Zusammenfassung

Am Beispiel des Kleinen Kaukasus wird der Zusammenhang zwischen Magmatismus und Tektonik betrachtet, wobei auch auf die Ursachen dieser Erscheinungen eingegangen wird. Es wird versucht, den magmatisch-tektonischen Ablauf mit dem stofflichen Werden und dem Gehalt der Gesteine zu parallelisieren. Anschließend wird auf die magmatisch-stoffliche Eigenständigkeit eines jeden mobilen Gürtels hingewiesen.

Резюме

На примере Малого Кавказа рассматривается связь между магматизмом и тектоникой, при чем и устанавливается на причинах этих явлений. Попытается, параллелизировать магматическо-тектонический ход с вещественным возникновением и содержанием пород. Потом указывается на магматическо-вещественная собственность каждого мобильного пояса.

Summary

The Little Caucasus serves as an example to consider the relationship between magmatism and tectonics, and to investigate the causes underlying these phenomena. An attempt made to parallelize the magmatic-tectonic sequence with the material development and the content of rocks is followed by suggesting the magmatic-material independence of each mobile belt.

Literatur

ASHGIREI, G. D.: Magmatismus und tektonische Zonalität in sich entwickelnden mobilen Gürteln. — Vortrag auf dem 8. Kongreß KBGA (1967).
ASLANJAN, A. T.: Regionale Geologie Armeniens. — Ajpetrat (1958).
AFANASJEW, G. D.: Einige Besonderheiten der Entwicklung des Magmatismus des nordkaukasischen Faltungsgebiets. — Iswest. AN SSSR, Ser. geol., 4, Moskau 1952.

BALASANJAN, S. I.: Korrelation des Chemismus magmatischer Gesteine verschiedener Fazies. – Dokl. AN, Arm. SSR, 37, 1, Jerewan 1963.
– Besonderheiten des Auftretens des Magmatismus im Zusammenhang mit der tektonischen Entwicklung eines orogenetischen Gürtels (engl.). – Mat. 23. Internat. Geologenkongreß Prag, Prag 1968.
WINOGRADOW, A. P.: Meteorite und die Erdkruste. – Iswest. AN SSSR, Ser. geol., 10, Moskau 1959.
GABRIELJAN, A. A.: Grundfragen der Tektonik Armeniens. – Isdat. AN Arm. SSR (1959).
DAMINOWA, A. M.: Petrographie magmatischer Gesteine. – Verlag Nedra (1967).
LEONTJEW, L. N.; CHAIN, W. E.: Unterkretazische Hyperbasite und die ophiolitische Formation im Kleinen Kaukasus. – Dokl. AN SSSR, 65, 1, Moskau 1949.
MAGAKJAN, I. G.; MKRTTSCHJAN, S. S.: Wechselbeziehungen der Struktur, des Magmatismus und der Metallogenie am Beispiel des Kleinen Kaukasus. – Iswest. AN Arm. SSR, 10, 4, Jerewan 1957.
NAGIBINA, M. S.: Tektonik und Magmatismus des Mongolisch-Ochotskischen Gürtels. – Tr. geol. Inst. AN SSSR, 67, Moskau 1963.
PAFFENGOLS, K. N.: Wechselbeziehungen der Tektonik, der Eruptivgesteine und Erzlagerstätten des südlichen Teils von Transkaukasien. – Tr. XVII. Int. Geol. Konf. (1937).
SMIRNOW, W. I.: Erfahrungen bei der metallogenetischen Rayonierung der UdSSR. – Iswest. AN SSSR, Ser. geol., 4, Moskau 1959.
USTIEW, E. K.: Über die Zusammensetzung von Urmagmen am Beispiel der kretazischen und paläogenen Formationen des ochotskischen vulkanitischen Gürtels. – Iswest. AN SSSR, Ser. geol., 3, Moskau 1965.
SHTREJS, N. A.: Probleme des Zusammenhangs von Magmatismus und Faltung. – Beratungsthesen „Probleme des Zusammenhangs von Tektonik und Magmatismus", Moskau 1967.

Die Erzgeologie im neuen Fünfjahrplan

SCHTSCHEGLOW, A. D., Moskau, UdSSR

Die Sowjetunion hat das zehnte Planjahrfünft begonnen, dessen Aufgaben der XXV. Parteitag der KPdSU abgesteckt hat. In den fünf Jahren, die seit dem XXIV. Parteitag der KPdSU vergangen sind, erreichte die sowjetische Geologie bedeutende Erfolge und leistete einen beachtlichen Beitrag zur Entwicklung der Volkswirtschaft des Landes.

Die Rohstoffbasis vieler Bergbaubetriebe wurde während des neunten Fünfjahrplans wesentlich gestärkt und erweitert sowie große Rohstoffbasen in Gebieten aufgebaut, in denen die industrielle Erschließung neuer Lagerstätten ökonomisch rentabel ist. Ungeachtet der zunehmenden Gewinnung von Bodenschätzen vergrößerte sich die Menge der erkundeten Vorräte an den wichtigsten Rohstoffarten um das 1,3 bis 2fache während des neunten Fünfjahrplans. Die Rohstoffbasis der Schwarzmetallurgie in Kursk, Kriwoi Rog u. a. Eisenerzgebieten der Ukraine, in Karelien und der Kolahalbinsel wurde bedeutend verstärkt und neue Rohstoffzentren für die Buntmetallurgie geschaffen. In Zentralkasachstan und Usbekistan konnten Blei-Zink-Lagerstätten, in Tschukotski und Kirgisien Zinnlagerstätten sowie in Timan und Kursk Bauxitlagerstätten entdeckt und erkundet werden. Im Pribalchasch und im Südural sind neue Kupferlagerstätten aufgeschlossen worden.

Die Kenntnis der Verteilung einiger Erzlagerstätten änderte sich. So konnten in Jakutien und im NE des Landes Antimon-Quecksilber-Lagerstätten und in Mittelasien Zinnlagerstätten erkundet werden. Früher glaubte man, daß diese Elemente für die genannten Gebiete nicht charakteristisch seien, während heute feststeht, daß sie für diese Regionen typisch sind und bauwürdige Konzentrationen in selbständigen und Komplexlagerstätten bilden können.

Eine Eigenheit des vergangenen Planjahrfünfts besteht vor allem in der Erschließung großer Lagerstätten, deren Erkundung speziell zur Stabilisierung und Erweiterung der Vorratsbasis beigetragen hat. Viele der entdeckten Lagerstätten treten unter günstigen ökonomischen Bedingungen auf. Die Aufzählung von Neuaufschlüssen von Lagerstätten und Gebieten des vergangenen Planjahrfünfts ist jedoch nicht Aufgabe dieser Arbeit. Wichtiger ist es, jene Wege zu verfolgen, die die Erzgeologie bei der Erschließung von Lagerstätten ging und welche Haupttendenzen zur praktischen Erschließung und zu den Erfolgen der Sucharbeiten geführt haben.

Die Haupterfolge der Erzgeologie bei der Lösung praktischer Aufgaben sind im letzten Fünfjahrplan in folgenden drei Richtungen erzielt worden: 1) bei stratiformen Lagerstätten, 2) bei Lagerstätten, die in Verbindung mit vulkanogenen Formationen stehen und 3) bei Lagerstätten des Präkambriums. Die erreichten Erfolge wurden durch die Arbeiten vieler wissenschaftlicher Kollektive erzielt, die ihre Kräfte schrittweise auf die Lösung verschiedener Fragen der Bildungsbedingungen und der Verteilung genannter Lagerstättengruppen umstellten.

Stratiforme Lagerstätten

Das Studium von stratiformen Lagerstätten hat zu interessanten Neuaufschlüssen von Erzlagerstätten in verschiedenen Teilen des Landes geführt. Dabei ist zu beachten, daß zu den stratiformen Lagerstätten nach Genese, Alter und Mineralbestand verschiedene Lagerstätten gehören. Sie sind im allgemeinen von schichtartiger Form und unterliegen einer stratigraphischen Kontrolle der Vererzung, wobei mit Hilfe dieser typischen Merkmale zahlreiche verschiedenartige Lagerstätten zu einer Gruppe vereinigt werden können. So wurden z. B. Blei-Zink-, Eisen- und Goldlagerstätten erschlossen. Die Blei-Zink-Lagerstätten bestehen aus einigen Typen. Hierzu zählen die „telethermalen" Polymetallvorkommen in Karbonatgesteinen (Sardana/Jakutien, Utsch-Kulatsch/Usbekistan) und die polymetallischen Kieslagerstätten in terrigenen Gesteinen mit Effusiva (Chodoidochskoje/Jakutien, Adanga/Abchasien) sowie die vorwiegend Zink- (Zinkblende-) Lagerstätten in karbonischen Schieferserien des Urals (Amurskoje). In diese Gruppe gehört auch die Polymetallagerstätte Cholodnenskoje im Proterozoikum des nördlichen Pribaikals und die Blei-Zink-Lagerstätte Shairem in paläozoischen Vulkanitkomplexen Kasachstans. Stratiform sind auch einige hydrothermal-metamorphogene Goldlagerstätten und die in Jakutien und im N der Tschitaer Region aufgefundenen Eisenerzlagerstätten des Tschara-Tokkinsker Gebiets. Mit einem Wort, bei den während des vergangenen Fünfjahrplans aufgeschlossenen Vorkommen nehmen die stratiformen Lagerstätten eine besondere Rolle ein. Namentlich hier wurden die bedeutendsten Lagerstätten entdeckt, wobei für die Polymetallagerstätten diese Gruppe eine vorrangige Beachtung für die Suche und Erkundung von flächenmäßig großen Vorkommen erhält.

Vulkanogene Lagerstättenkomplexe

Die zweite Richtung, die mit der Erweiterung der Sucharbeiten zusammenhängt und auf wissenschaftlichen Vermutungen aufbaut, ist intensiver als bisher durch das Studium der Erzhöffigkeit von vulkanogenen Komplexen und der damit verbundenen Erzlagerstätten gekennzeichnet. Umfassende Untersuchungen in paläozoischen Vulkanitkomplexen führten zur Erschließung neuer Blei-Zink- und Manganlagerstätten im Gebiet von Atasuisk/Kasachstan und von Kupferkieslagerstätten im Südural. Sucharbeiten erschlossen im Grunde genommen eine neue Eisenerzprovinz in den Trappen der Zentralgebiete der Sibirischen Tafel. In anscheinend gut untersuchten jungvulkanischen Serien Armeniens, die hinsichtlich einer Vererzung als steril galten, konnte bei detaillierten Untersuchungen die bauwürdige Abowjansker Magnetitlagerstätte nachgewiesen werden. Die Entwicklung von wissen-

Aus: „Geolog. rud. mestorodshd.", Nr. 3/1976, S. 3–10 (gekürzt).
Übers.: W. BEYER, Schneeberg

schaftlichen Untersuchungen und Sucharbeiten in Vulkanitgürteln im E des Landes führte zur Erschließung von Gold- und Gold-Silber-Lagerstätten einiger genetischer Typen, darunter dem „mexikanischen" Ag—Pb—Zn-Typ, bei dem Silber mit Bleiglanz und Zinkblende in bändrig-kokardenartigen Erzen oberflächennaher Lagerstätten assoziiert. Im vergangenen Planjahrfünft ist beim Studium der meso-känozoischen Vulkanitkomplexe des genannten Gürtels eindeutig seine klar ausgeprägte Gold-Silber-Spezialisierung entdeckt worden. Außerdem konnten in diesen Strukturen Kupfer-Molybdän-Erzvorkommen vom „porphyry"-Typ erschlossen werden, deren Ausmaß jedoch noch nicht eingeschätzt ist. Diese Besonderheiten in der Erzhöffigkeit der Vulkanitkomplexe im sowjetischen Teil des pazifischen Erzgürtels ähneln denjenigen im amerikanischen Teil dieser erzführenden Globalstruktur, weshalb bei wissenschaftlichen Untersuchungen und bei der Organisierung von Sucharbeiten von analogen Verhältnissen ausgegangen werden kann.

Präkambrische Lagerstätten

Die dritte Richtung betrifft ein intensiveres Studium der Erzführung von präkambrischen Komplexen und der Metamorphose, die die Migration und Konzentration von Erzsubstanzen bestimmt. Unter diesem Aspekt ist die Entdeckung der proterozoischen Polymetallagerstätten im nördlichen Pribaikal, die Feststellung der Goldhöffigkeit von proterozoischen Schwärzschieferformationen in einigen Gebieten des Landes und die anscheinend damit verbundenen hydrothermal-metamorphogenen Goldlagerstätten sowie die Erschließung von perspektiven Manganerzvorkommen im Präkambrium des Jenisseisker Krjash zu erwähnen. Insbesondere ist die Entdeckung des neuen Eisenerzbezirks von Tschara-Tokkinsk im Präkambrium (vermutl. Archaikum) von Südwestjakutien und im N des Tschitaer Gebiets zu nennen. Diese Aufschlüsse sind von erstrangiger Bedeutung, da sie im Bereich der Baikal-Amur-Magistrale erfolgten und in territorialer Nähe der hochwertigen Kokskohlen des südjakutischen Beckens liegen, wodurch in diesen Gebieten für die Entstehung großer Industriekomplexe der Schwarzmetallurgie äußerst günstige Bedingungen entstanden sind.

Die genannten drei Richtungen sind miteinander in gewissem Grade verbunden und beeinflußten die erzielten Erfolge. So ist z. B. für viele präkambrische Lagerstätten ein stratiformes Aussehen der Erzkörper charakteristisch. Ebenso ist für die mit vulkanogenen Formationen verbundenen Polymetallagerstätten bei aller Komplexität und Polygenität ihrer Bildung ein stratiformer Charakter der Erzkörper von ausschlaggebender Bedeutung. Die Entwicklung der geologischen Erkundung im vergangenen Planjahrfünft ist durch diese drei Richtungen bei weitem nicht erschöpft. Die vorhandenen Neuaufschlüsse, die vielfach auf einer Verbindung von wissenschaftlichen und Produktionsarbeiten beruhen, haben andererseits die Notwendigkeit einer Ausdehnung von Untersuchungen in diesen Richtungen bestätigt.

Offene Probleme

Neben den erzielten Erfolgen bestehen auf dem Gebiet der angewandten Erzgeologie noch viele offene Fragen, die die Verbesserung und Erweiterung der Mineralrohstoffbasis des Landes betreffen und zu langsam und nicht effektiv gelöst werden. Das ist vor allem in einer Reihe von alten Erzbezirken der Fall (Kolahalbinsel, mittlerer Ural, Primorje u. a.). Es wird deutlich, daß neue Sucharbeiten notwendig werden, vor allem hinsichtlich einer genauen wissenschaftlichen Prognose und neuen Schlußfolgerungen über die Lagerstättenbesonderheiten entsprechend dem neuesten Faktenmaterial und dem gegenwärtigen Interpretationsstand. Eine wichtige Aufgabe z. B. für die Produktionsbetriebe auf den Buntmetallurgiebasen im Pribalchasch und Armenien besteht in der Entdeckung neuer Kupfer-„porphyry"-Lagerstätten. Untersuchungen während der letzten Jahre zeigen, daß diese Gebiete ihre Perspektive nicht verloren haben und einer unverminderten Beachtung durch die wissenschaftlichen und Produktionskollektive bedürfen. Es existieren viele ungelöste Fragen, die z. B. mit der Schaffung von Rohstoffbasen hochwertiger Bauxite zusammenhängen, obwohl im vergangenen Fünfjahrplan die Perspektiven des Norduralischen Bauxitbezirks (SUBR) bedeutend erweitert werden konnten und ein prinzipiell neuer Bauxitbezirk im Timan entdeckt wurde. Jedoch bleibt die Geographie der Verteilung von Bauxitlagerstätten unverändert. Die östlichen Landesteile mit einer mächtigen Energiebasis haben keine eigentlichen Bauxitlagerstätten. Ein gleiches Bild ist auch für die Verteilung von Mangan- und teilweise Eisenerzlagerstätten kennzeichnend. Die Beispiele zeigen, welche großen und komplizierten Fragen vor der angewandten Geologie stehen. Sie werden nicht gelöst, wenn nur von einer Prospektion ausgegangen wird. Hier ist ein vertieftes wissenschaftliches Verständnis, die Bearbeitung von theoretischen Fragen der Erzgeologie und die Erarbeitung von modernen Grundlagen einer wissenschaftlichen Lagerstättenprognose erforderlich.

Neue Aufgaben der Erzgeologie

Der XXV. Parteitag der KPdSU stellte mit dem Dokument „Die Hauptrichtungen der Entwicklung der Volkswirtschaft der UdSSR in den Jahren 1976—1980" der Volkswirtschaft der Sowjetunion die große Aufgabe eines unablässigen Wachstums der ökonomischen Macht des Staates. So ist eine Verbesserung in der Verteilung der Produktivkräfte vorgesehen und die weitere Erschließung von Gebieten Sibiriens, des Nordens, Mittelasiens und des Fernen Ostens sowie im Zusammenhang damit die Schaffung neuer Mineralrohstoff-Industriekomplexe. Der geologischen Erkundung erwächst die Aufgabe einer weiteren Vergrößerung der Rohstoffressourcen, vor allem in Gebieten tätiger Bergbaubetriebe und in neu zu erschließenden Landesteilen. Der Erhöhung der ökonomischen Effektivität der geologischen Such- und Erdkundungsarbeiten und der Qualität der Vorratsbereitstellung von Bodenschätzen muß dabei besondere Beachtung beigemessen werden. Die Geologen haben den Vorlauf von erkundeten Rohstoffvorräten gegenüber dem Entwicklungstempo der industriellen Gewinnung zu gewährleisten. Vor der Forschung steht die Aufgabe, das Studium der Erdkruste und des oberen Erdmantels zu erweitern, um die Bildung und Verteilung von Lagerstätten besser zu erkennen. Vor der Erzgeologie stehen neue komplizierte Probleme, deren erfolgreiche Lösung nur durch ein enges Zusammenwirken von Forschung und Erkundung möglich ist. Das betrifft vor allem die Sicherung einer zuverlässigen Rohstoffbasis in Gebieten von Bergbaubetrieben. In den meisten von ihnen steht die Auffindung „verdeckter", an die Erdoberfläche nicht ausstreichender Lagerstätten auf der Tagesordnung. Hierbei sind Geophysik und Geochemie besonders wichtig, da sie die neuesten Erkenntnisse in wissenschaftlicher Hinsicht verkörpern. Bedeutung erlangt vor allem die angewandte Geochemie und die Erarbeitung von neuen Methoden und Apparaturen für die Suche geochemischer Aureolen von Erzlagerstätten. Das weitere Studium der Zonalität von Erzlagerstätten muß neue Kriterien für die Erschließung sowohl „verdeckter" Lagerstätten als auch von solchen Erzkörpern erbringen, deren hangende Partien keine bauwürdige Mineralisation enthalten. Die Untersuchungen zur Vererzungszonalität müssen sich dabei auf neue theoretische Vorstellungen über den geochemischen Zusammenhang der Elemente, auf das Studium des Typomorphismus der Minerale und ihres Feinbaus stützen.

In der Erzgeologie

hat das Interesse für die Strukturen von Erzfeldern und -lagerstätten in den letzten Jahren einen Rückgang erfahren. In dieser für die Erzgeologie wichtigen Frage ist eine gewisse Stagnation eingetreten, obwohl der Neuaufschluß von Lagerstätten mit komplizierten Strukturen, vor allem in vulkanogenen Komplexen, nicht nur eine Bearbeitung mit der heutigen Methode der Strukturkarten, sondern auch die Schaffung von Typenmodellen von Erzfeldern und -lagerstätten erforderlich macht. Insbesondere ist das für die Grubengeologie wichtig, da im Grunde genommen die Grubengeologie eine Strukturgeologie ist, bei der eine richtige Interpretation der Lagerstättenstrukturen zur Erschließung neuer Erzkörper führt.
Eine andere wichtige Frage der Erweiterung der Rohstoffbasis von tätigen Bergbaubetrieben ist eine Komplexuntersuchung des Lagerstättengebiets mit dem Ziel, Lagerstättensatelliten aufzufinden, die in der Regel kleiner als die Hauptlagerstätte sind, deren Gewinnung aber in Zusammenhang mit dem Hauptobjekt ökonomisch rentabel wird.
Schließlich verdient die Erweiterung der Rohstoffbasen in den alten Erzbezirken eine Bewertung vom heutigen Stand der wissenschaftlichen Erkenntnis, wobei auf die Verteilung und Lokalisierung von Lagerstätten besonderer Wert gelegt werden muß. Insbesondere ist dies für Gebiete erforderlich, in denen ein Zusammenhang der Vererzung mit vulkanogenen Formationen oder ein stratiformer Charakter der Vererzung besteht. Bestimmte Überprüfungen zeigten, daß namentlich in diesen Fällen neue Perspektiven in einem Gebiet am schnellsten zu erfassen sind. Als Beispiel kann die Polymetallagerstätte Utsch-Kulatsch (Usbekistan) dienen, bei der eine Revision der Morphologie der Erzkörper und ihrer geologischen Position zur Aufschließung neuer stratiformer Erzlager führte.
Große Bedeutung besitzt auch ein umfassendes Studium der Aufbereitungstechnologie der Erze und der Möglichkeiten ihrer komplexen Nutzung zwecks Erhöhung der Rentabilität in den alten Erzbezirken.

Prognose- und Sucharbeiten

Im Dokument des XXV. Parteitags der KPdSU wird auch auf die Notwendigkeit einer Erhöhung der Effektivität der Sucharbeiten hingewiesen. Diese Forderung hängt untrennbar mit dem Studium der Bildung und Verteilung von Erzlagerstätten zusammen, das die Grundlage für die Richtung der Suche und die Festlegung von erzführenden Perspektivflächen bildet. Gegenwärtig steht die Aufgabe der Erarbeitung solcher Prognosekriterien für verschiedene Bodenschätze, die für die Auswahl flächenmäßig begrenzter erzführender Territorien mit bestimmten Prognosevorräten verwendet werden können.
Von den wissenschaftlichen Untersuchungen über die Verteilung von Lagerstätten hängt vielfach die erfolgreiche Durchführung von Sucharbeiten in verschiedenen Gebieten und ihre zunehmende Effektivität ab. Gegenwärtig steht vor der metallogenetischen Analyse von Gebieten das Problem, nicht nur die Gesetzmäßigkeiten der Verteilung bereits bekannter Lagerstätten im gegebenen Gebiet aufzufinden, sondern auch die Prognose prinzipiell neuer Typen von Erzlagerstätten, die im vorgegebenen Gebiet noch unbekannt sind. Die geologische Wissenschaft muß die praktisch tätigen Geologen mit einer zuverlässigen Methodik der metallogenetischen Analyse versehen, mit deren Hilfe die Prognose zum Nachweis neuer Lagerstätten führt.
Die Prognose neuer Lagerstättentypen und die zu vermutenden Besonderheiten ihrer Verteilung sind vor allem für Gebiete notwendig, die unter metallogenetischem Aspekt anscheinend gut untersucht sind und in denen die Möglichkeiten des Nachweises „traditioneller" Lagerstätten für das gegebene Gebiet bereits begrenzt sind. Zu derartigen Gebieten gehören z. B. Transbaikalien, Ural, Karelien, Kolahalbinsel, Kaukasus usw. Für den Ural ergibt sich z. B. die Aufgabe, die Suche nach hydrothermal-metamorphen Goldlagerstätten in alten Serien durchzuführen, und für Transbaikalien ist die Möglichkeit des Auftretens von Kieslagerstätten in jurassischen Schieferformationen zu analysieren. Wie bisher besteht ein Ziel der Prognose im Auffinden von Besonderheiten der Lagerstättenverteilung in strukturell-metallogenetischen Erzzonen, die für bestimmte Strukturelemente eines Faltengebiets, Tafeln und Gebieten mit tektonisch-magmatischer Aktivierung charakteristisch sind. In den letzten Jahren wurde festgestellt, daß an der Durchkreuzung von Erzzonen unterschiedlichen Typs im allgemeinen Erzlagerstätten und -knoten entstehen, die durch eine „Exotik" in den Erzassoziationen charakterisiert sind, z. B. Co und W, Sn, Ag und Be, Hg und W usw. Deshalb erfordern die Gebiete mit einer Durchgitterung von verschiedenen Erzzonen gegenwärtig unveränderte Beachtung.
Für das Erkennen neuer Besonderheiten in der Verteilung von Erzlagerstätten erhält in letzter Zeit das umfassende Studium des Charakters und der Natur von Bruchstörungen (auch Tiefenbruchzonen sowie Faltenquerstrukturen) und ihre Rolle beim Auftreten einer Vererzung große Bedeutung. Es ist erforderlich, eine metallogenetische Klassifizierung der Bruchstörungen zu erarbeiten.
Die Sucharbeiten des vergangenen Planjahrfünfts zeigten die Wichtigkeit des Substrats (Fundaments) bei der Lokalisierung von Vererzungen, insbesondere für Lagerstätten, die an vulkanische Formationen gebunden sind. In einigen Gebieten sind große Erzlagerstätten an Aufwölbungen des Fundaments gebunden und beim Übergang der Erzkörper in die Fundamentgesteine oder in diesen selbst können erhöhte Konzentrationen von Erzkomponenten beobachtet werden. Die Klärung unterschiedlicher Aspekte des Einflusses von Fundamentgesteinen auf die Besonderheiten im Auftreten der Vererzung ist deshalb gleichfalls ein Erfordernis.
Alle Fragen der regionalen Erzgeologie (Metallo-

genie), deren Lösung zur Konkretisierung der Prognose und folglich auch praktischer Aufgaben beitragen, können hier nicht genannt werden. Sie berühren neben der Lagerstättenlehre auch benachbarte geologische Disziplinen.

Die Erzgeologie als Wissenschaft sieht ihr Hauptziel im Studium der Bildungsprozesse und der Gesetzmäßigkeiten bei der Verteilung von Lagerstätten. Diese vielseitige Aufgabe schließt auch das Problem der Herkunft von Erzsubstanzen ein. Dieses hat beim gegenwärtigen Erkenntnisstand nicht nur theoretischen Charakter, sondern bereits praktische Bedeutung. Das hängt in erster Linie mit der Anwendung der Isotopenanalyse für das Studium der Lagerstättengenese zusammen. Sie gibt neue Möglichkeiten zur Interpretation der Bildung von Erzkonzentrationen und hat unsere Vorstellungen über die Herkunft von Erzsubstanzen erweitert. Die Tagung der Akademie der Wissenschaften der UdSSR in Moskau (1974) betonte die Aktualität dieses Problems und unterstrich, daß verschiedene Quellen von Erzsubstanzen existieren. In einer Reihe von Fällen kann man von einer Polygenität der Herkunft und verschiedenen Arten des Austausches von Erzsubstanzen sprechen. Wenn von der Lagerstättengenese die Rede ist, so muß unbedingt erwähnt werden, daß für eine effektive Lösung von Fragen der angewandten Erzgeologie in verschiedenen Gebieten eine Überprüfung traditioneller Vorstellungen über die Genese von Lagerstätten erforderlich ist. Das betrifft vor allem die stratiformen Blei-Zink-Lagerstätten in Karbonatgesteinen, für die der Terminus „telethermal" bereits unkonkret geworden ist. Ähnliches gilt auch für die Diamantlagerstätten, für die z. B. PEJWE eine neue Vorstellung über den Zusammenhang der Kimberlite mit Brekzien des Fundaments von Kontinentalplatten vorgeschlagen hat. Es ist nicht ausgeschlossen, daß wenigstens ein Teil der Nickellagerstätten von Petschenga eine sedimentär-hydrothermale Genese besitzt und mit der Bildung von proterozoischen Schwärzschiefern verbunden ist, für die in vielen Gebieten der Welt eine erhöhte Erzführung charakteristisch ist. Mit anderen Worten, das neue Faktenmaterial sowie die anscheinend gut bekannten Tatsachen über die Geologie von Erzlagerstätten erfordern gegenwärtig in einigen Fällen eine Umwertung über die Genese bestimmter Lagerstättentypen.

Auch ist zu berücksichtigen, daß die wissenschaftlich-technische Revolution neue Anforderungen an die Erzlagerstätten stellt. Für die industrielle Gewinnung ist es heute ökonomischer, große Lagerstätten von Armerzen heranzuziehen, bei denen der Aufschluß und Abbau unter Anwendung hochproduktiver Maschinen eher möglich ist als in Lagerstätten von Reicherzen, die untertägig abgebaut werden müssen. Dieses Problem erfordert eine Klärung und ein umfassendes Studium neuer Lagerstättentypen sowie eine neue Art der Prognose und Einschätzung von Mineralressourcen.

Es wurde erwähnt, daß im vergangenen neunten Fünfjahrplan die Erschließung neuer Lagerstätten vorwiegend in drei Hauptrichtungen verlief. Im zehnten Planjahrfünft behalten diese Richtungen ihre Bedeutung bei. Dem Studium der stratiformen Erzlagerstätten verschiedenen Stoffbestands und verschiedener Genese muß nach wie vor eine große Bedeutung beigemessen werden. Es entsteht die Aufgabe, neue stratiforme Blei-Zink-Lagerstätten unterschiedlichen Typs sowie neue Lagerstätten aufzuspüren, die in der Sowjetunion noch nicht bekannt sind oder nur unbedeutende Erzvorkommen darstellen. Hier seien die stratiformen Wolfram- und Zinnlagerstätten genannt, wie sie in der DDR, ČSSR, Österreich, Neuseeland und Ruanda bekannt sind. Die genetischen Aspekte der stratiformen Lagerstätten müssen detaillierter untersucht, und das Verständnis für die Natur der erzbildenden Prozesse im eigentlichen Geosynklinalstadium muß tiefer erfaßt werden. Im Geosynklinalstadium entstehen die sedimentär-hydrothermalen Lagerstätten, und sie haben offensichtlich eine umfangreichere Entwicklung als heute bekannt ist.

Bei der Untersuchung von Erzlagerstätten in Verbindung mit vulkanogenen Serien muß das Studium der Erzführung in den paläozoischen und proterozoischen Vulkanitgürteln erweitert werden, um neue Lagerstätten bzw. Lagerstättentypen zu entdecken. In dieser Hinsicht sind die Vulkanitgürtel von Kasachstan, des Westsajan und des Pribaikals hinsichtlich der Lagerstättentypen und ihrer Verteilung eingehender zu untersuchen. In den vulkanischen Gürteln von Ochotsk-Tschukotski, Primorje und Kamtschatka besteht die Aufgabe eines allseitigen Studiums der dort bekannten Gold-Silber-Lagerstätten sowie der Erschließung von neuen Lagerstätten, besonders von Kupfer-Molybdän-„porphyry"-Lagerstätten.

Ein spezielles Problem im neuen Fünfjahrplan ist die eingehendere Untersuchung einer Erzhöffigkeit im Präkambrium und in erster Linie der Erzführung von proterozoischen Komplexen. Den oberproterozoischen Schwärzschieferformationen muß dabei eine besondere Beachtung beigemessen werden, da mit letzteren die Perspektiven der Entdeckung großer Polymetallagerstätten vom Typ Mount-Isa und Sullivan sowie hydrothermal-metamorphogener Goldlagerstätten zusammenhängen. Im Zusammenhang mit der Erzführung des Präkambriums werden viele Fragen der Erzgeologie berührt, insbesonders die Herkunft, Migration und Konzentration von Erzsubstanzen bei der Metamorphose, die Eigenheiten des Auftretens der Erzprozesse in den ältesten Bildungsphasen unseres Planeten u. a.

Die genannten Probleme der Erzgeologie müssen dabei vor allem in Gebieten bearbeitet werden, wo die geologischen Untersuchungen eine vielseitige Entwicklung aufweisen und größere Arbeiten zum Aufbau von Rohstoffbasen laufen. Ein derartiges Gebiet ist der Bereich der Baikal-Amur-Magistrale. Hier steht eine bedeutende Intensivierung der geologischen Erkundung und der wissenschaftlichen Untersuchungen bevor, vor allem von Erzlagerstätten.

Die Erzgeologie als Wissenschaft ist untrennbar mit der Praxis der geologischen Erkundung verknüpft und benötigt ein solides theoretisches Fundament. Die Resonanz auf die „Neue Globaltektonik" besteht in den Versuchen einiger Forscher, die gegenwärtige Konzeption der Mobilisation zur Erkenntnis der Verteilung von Erzlagerstätten anzuwenden und auf dieser Basis die Suchrichtung festzulegen. Letzteres ist offensichtlich verfrüht. Andererseits ist es bereits jetzt unmöglich, die neuen geotektonischen Vorstellungen bei der Feststellung globaler Gesetzmäßigkeiten in der Verteilung von Erzlagerstätten zu ignorieren. Beim Studium der Verteilung der marinen Bodenschätze von Erzen wurden die ersten Schritte gemacht.

Diese Arbeiten werden künftig mehr und mehr an Bedeutung gewinnen. Vor der Erzgeologie stehen im zehnten Fünfjahrplan sehr schwere Aufgaben. Ihre erfolgreiche Lösung ist nur bei einer gemeinsamen schöpferischen Bearbeitung theoretischer und angewandter Probleme durch die Forschungs- und Produktionsorganisationen des

Ministeriums für Geologie der UdSSR, die Akademie der Wissenschaften der UdSSR und die Hochschulen möglich.

Zusammenfassung

Die sowjetische Erzgeologie war in der systematischen Nutzung bereits erkundeter und bei der Erschließung neuer Lagerstätten mit einem entscheidenden Beitrag an der Stärkung der Volkswirtschaft beteiligt. Die Erfolge der sowjetischen Geologen sind auf das komplexe Herangehen an die Lösung solcher Fragen, wie die der Bildungsbedingungen und Verteilung der Lagerstätten zurückzuführen. Für die Zukunft stellt man sich die Aufgabe, mit modernen wissenschaftlichen Methoden in bereits „abgebauten" Gebieten nach Erzen zu suchen und die Rohstoffbasis in den neu aufzubauenden Industriezentren, vor allem im asiatischen Teil der UdSSR, durch Perspektiverkundung zu sichern. Die Rolle von Teildisziplinen der Geologie wird hierbei hervorgehoben.

Резюме

Советская рудная геология участвовала с решающим вкладом при систематическом использовании уже разведанных и при открытии новых месторождений для укрепления народного хозяйства. Успехи советских геологов отводятся от комплексного привода таких вопросов, как условия образования и размещения месторождений. Для будущего ставится задача, искать руды с современными научными методами в уже „разработанных" областях и сохранить сырьевую базу перспективной разведкой в ново строящихся промышленных центрах, прежде всего в разведкой в ново строящихся промышленных центрах, азиатской части СССР. Подчеркивается при этом роль частных отразлей геологии.

Summary

In the systematic utilization of deposits already explored, or in the prospection of new ones, Soviet ore geology has a decisive share in strengthening the national economy. Successes achieved by Soviet geologists must be attributed to complexly approaching the solution of problems such as the conditions of formation and distribution of deposits. The task set for the future is to prospect for ores by modern scientific methods in areas already "mined" and to secure the raw material basis in industrial centres newly to be developed by perspective exploration, above all in the Asiatic part of the U.S.S.R. In this respect the role of partial geological branches is emphasized.

Aktuelle hydrogeologische Probleme beim Bau der Baikal-Amur-Magistrale (BAM)

PINNEKER, E. K.; PISARSKI, B. I., Irkutsk, UdSSR

Vorbemerkungen

Die wirtschaftliche Erschließung Sibiriens ist eine der Hauptaufgaben der Sowjetunion für die zweite Hälfte des 20. Jahrhunderts. Neue Impulse erhielt dieses Vorhaben durch die Beschlüsse des XXV. Parteitags der KPdSU. Die Erhöhung des kulturellen und materiellen Lebensniveaus des Sowjetvolkes erfordert auch die Nutzung der großen Rohstoffreserven im E Sibiriens. So lagern mangels günstiger Verkehrsverbindungen noch immer ungenutzt z. B. im Angara-Lena-Becken große Mengen an Erdgas und Steinsalz, im Baikalgebiet Buntmetalle und Asbest, in Transbaikalien Kupfer und Gold, in Südjakutien Eisenerze und Steinkohle und im Amurgebiet Zinn und andere wertvolle Rohstoffe (Abb. 1).

Zu Recht erhielt die 3145 km lange Baikal-Amur-Magistrale in der Sowjetunion die Bezeichnung „Bau des Jahrhunderts". Sie führt durch ein unerschlossenes, im wesentlichen unbewohntes Territorium, auf dem mehr als 3000 große Anlagen wie Brücken, Tunnel, Siedlungen, Entwässerungssysteme u. a. m. errichtet werden müssen. Trotz schwierigster Naturbedingungen, in Ostsibirien herrschen über 9 Monate z. T. extrem strenge Fröste, soll die BAM bis 1983 vollendet sein. Eine rasche Realisierung des Bauvorhabens ist abhängig von den geologischen, hydrogeologischen und ingenieurgeologischen Vorerkundungsmaßnahmen. Die Bedeutung einer komplexen hydrogeologischen Betrachtung ergibt sich allein schon aus der Tatsache, daß ca. 80% der Magistrale durch ewigen Frostboden mit z. T. erheblichen Reliefunterschieden führen (Abb. 2). Beim Bau der BAM sind folgende hydrogeologische Hauptfragen zu lösen:

1. Wassererkundung und -erschließung zu Versorgungszwecken;
2. Auswirkung der Grundwässer auf den Bau der BAM und den Lagerstättenaufschluß;
3. Klärung der Gesetzmäßigkeiten der Verbreitung sowie der Genese der Grundwässer;
4. Grundwasserschutz.

Übers.: R. HÄHNE, Freiberg
Eingang des Manuskripts in der Redaktion: 7. 3. 1977.

1. Wassererkundung und -erschließung zu Versorgungszwecken

Die Sicherung der Wasserversorgung für den Bau der BAM, für die zukünftigen Städte, Dörfer, Stationen, Industrie- sowie Landwirtschaftsgebiete wird wesentlich durch die weite Verbreitung des Permafrostes erschwert. In diesen Gebieten sind nahezu sämtliche Oberflächenwässer fast ganzjährig gefroren. Während der kurzen Auftauzeiten sind diese extrem kontaminationsgefährdet. Deshalb scheidet das Oberflächenwasser als Versorgungsquelle praktisch aus. Daher kommt dem Grundwasser die Rolle des für das BAM-Territorium wichtigsten Rohstoffs zu. Der mittlere Grundwasserabfluß schwankt dort nach ersten prognostischen Untersuchungen zwischen durchschnittlich 1—3 $l/s \cdot km^2$ und lokal maximal 5 $l/s \cdot km^2$ Die Grundwasservorräte belaufen sich also entlang der Bahnlinie auf mehr als 200 m^3/s.

Sie befinden sich in alluvialen Flußablagerungen, in intramontanen Senken, Karbonkomplexen und in Zonen tektonischer Störungen (Abb. 3). Im Permafrostgebiet konzentrieren sich die Vorräte im wesentlichen in den Auftauböden, deren Abgrenzung bzw. Kartierung eine Hauptaufgabe für die Sicherung der Wasserversorgung darstellt. Neben geophysikalischen Verfahren wird dazu vor allem die Methode der Aufeiskartierung am Winterende angewandt. Unter Aufeis oder Naledi versteht man Eisflächen, die sich durch aufdringendes Grundwasser zur Oberfläche des Permafrostbodens, besonders an Quellen bilden und oft große Areale umfassen können.

Die Tatsache, daß das Tempo des Fortschritts der Arbeiten an der BAM sowie die Errichtung von Betrieben und Siedlungen von der abgeschlossenen Erkundung ausreichender

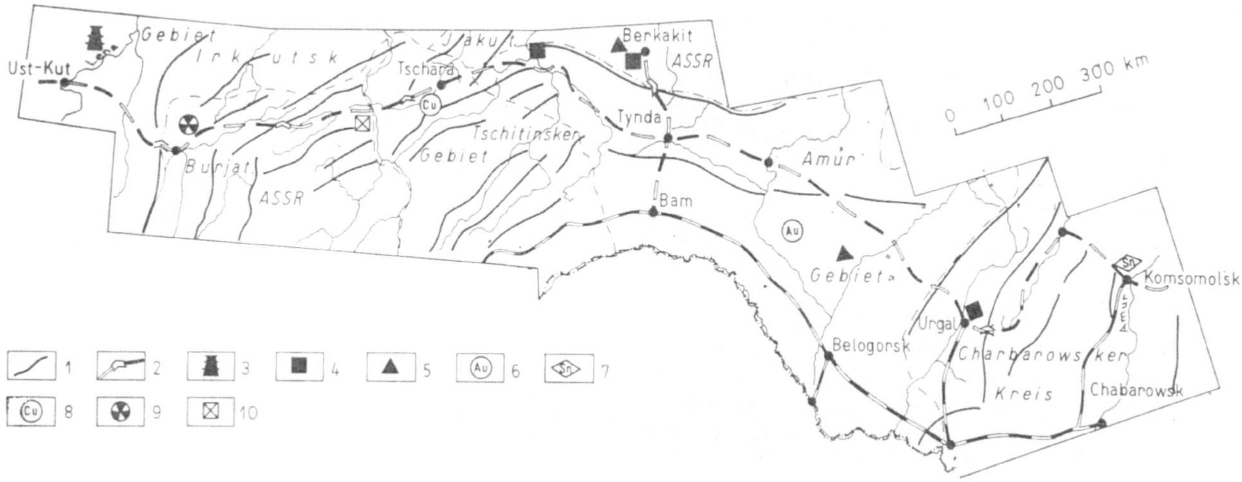

Abb. 1. Übersichtskarte des Territoriums der BAM

1 – Gebirgszug; 2 – Tunnel; 3 – Erdöl-Erdgaslagerstätten; 4 – Kohlelagerstätten; 5 – Eisenerzlagerstätten; 6 – Goldlagerstätten; 7 – Zinnlagerstätten; 8 – Kupferlagerstätten; 9 – Buntmetallagerstätten; 10 – Asbestlagerstätten

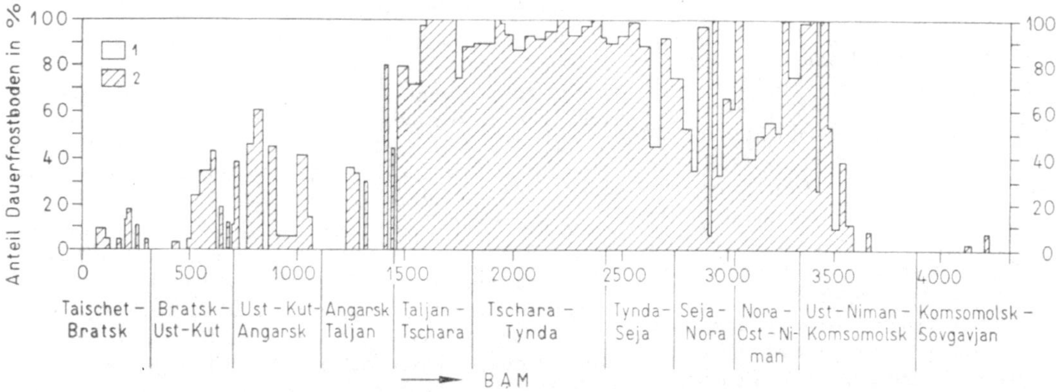

Abb. 2. Anteil Dauerfrostboden im Gebiet der BAM-Trasse

1 – Auftauböden; 2 – Dauerfrostböden

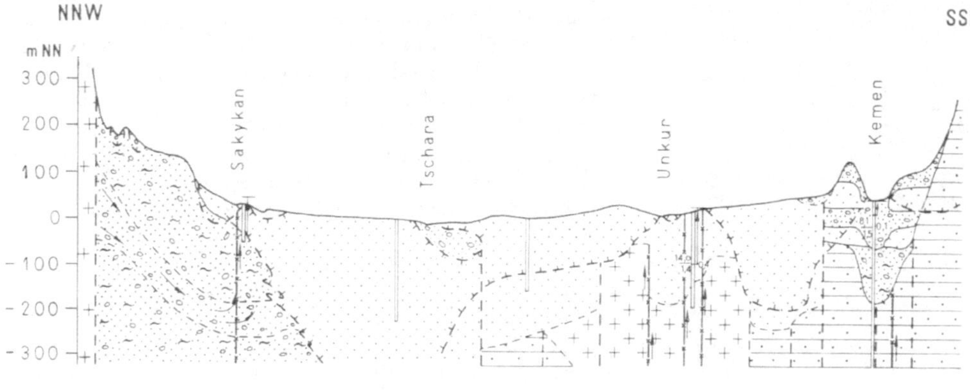

Abb. 3. Hydrogeologischer Schnitt durch die Tscharaniederung (Tschutinsker Erkundungsgebiet)

1 – sandig-tonige Ablagerungen; 2 – sandige Schotterablagerungen; 3 – tonige Schotterablagerungen; 4 – Sandsteine; 5 – kristalline Gesteine; 6 – Störungen; 7 – Grenze des Dauerfrostbodens; 8 – Bohrungen $\frac{\text{Druckhöhe [–]}}{\text{Wassermenge [l/s]}}$ Mineralisation (g/l); 9 – Bewegungsrichtung des Grundwassers

Wassermengen abhängig ist, spricht für die enorme Bedeutung der hydrogeologischen Arbeiten im Permafrostgebiet. Diese stießen und stoßen z. T. auf erhebliche Schwierigkeiten, da neben lokal oft nur geringen Grundwasservorräten auch die Wasserqualität nicht den gesetzlichen Anforderungen und Gütekriterien entspricht. So wird z. B. eine kontinuierliche Wasserversorgung für einige Siedlungen im Westabschnitt der BAM auch heute noch nur mit großen Anstrengungen gewährleistet. Eine Grundwasserbereitstellung innerhalb der Permafrostgebiete selbst ist oft nur sehr beschränkt möglich. Daher sind in Zukunft Erfahrungen wie die der Magadaner Betriebe zu nutzen, die während der Sommermonate eine künstliche Anreicherung der Grundwasservorräte in den alluvialen Flußablagerungen betreiben. Insgesamt muß der Erforschung der Methoden zur Erschließung von Grundwasserressourcen im Verbreitungsgebiet mehrjährig und oft bis in großer Tiefe gefrorener Gesteine, große Aufmerksamkeit gewidmet werden. Große Schwierigkeiten bereitet dabei selbst die Grundwasserentnahme, da die Brunnen einfrieren. So muß entweder kontinuierlich gepumpt oder das Grundwasser künstlich aufgewärmt werden. Als sehr effektiv erweist sich die Ausrüstung der Brunnen mit speziellen elektrischen Kabeln, die als Thermoelemente wirken.

2. Auswirkung der Grundwässer auf den Bau der BAM und den Lagerstättenaufschluß

Die umfangreichsten ingenieurtechnischen Objekte der BAM sind insgesamt 6 Tunnelbauten von 31 km Gesamtlänge. Dabei weist der 15,3 km lange Nordmujatunnel, der nach seiner Fertigstellung der längste der Sowjetunion sein wird, die kompliziertesten hydrogeologischen Bedingungen auf. Hier dominieren klüftige proterozoische Granite unter glazialen Geröll- und Geschiebeüberdeckungen. Der Bau verläuft entlang einer tektonischen Überschiebung, die von mehr als 10 Nebenstörungen begleitet wird und sich im Permafrostgebiet (Inseltyp) befindet (Abb. 4). Bemerkenswert ist hier eine erhöhte seismische Aktivität.
Beim Tunnelvortrieb werden größere Wassermengen beim Anschneiden der Störungen austreten. Darauf deutet eine Bohrung hin, die eine dieser Bruchzonen über 200 m tief aufschloß. Sie traf dort gespannte Grundwässer mit einer Ergiebigkeit bis zu 13 l/s an. Beim Vortrieb sind also plötzliche Grund- bzw. Thermalwassereinbrüche zu

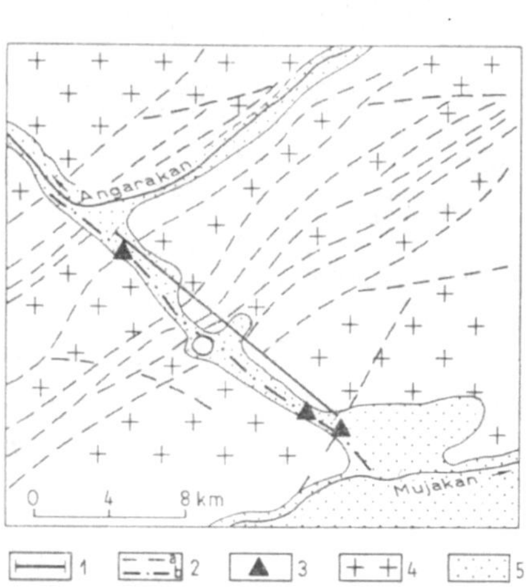

Abb. 4. Schema des Nordmujatunnels
1 – Tunnelstrecke; 2 – Störungen a) Transversalstörungen, b) Längsstörungen; 3 – Thermalquellen; 4 – Granit; 5 – Flußsedimente

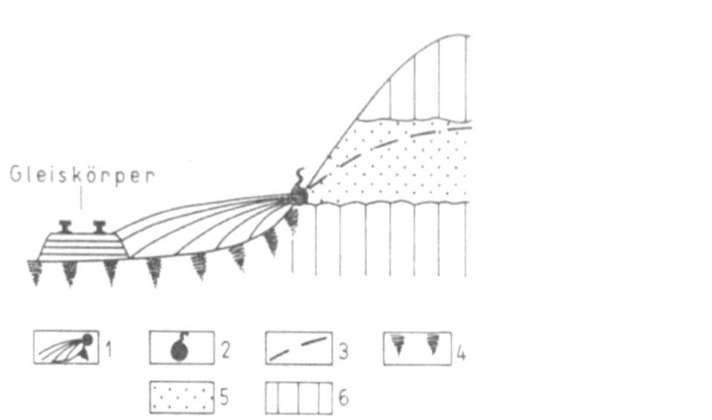

Abb. 5. Beispiel für eine Aufeisbildung im Bereich des Eisenbahngleiskörpers
1 – Aufeis; 2 – Quelle; 3 – Grundwasserspiegel; 4 – Rasensohle; 5 – Grundwasserleiter; 6 – Grundwasserstauer

erwarten, wobei die Zuflußmenge rasch abnehmen drüfte. Als effektivste Vorbeugungsmaßnahme könnte sich in diesen Fällen eine entsprechende Vorentwässerung durch Drainagen, Absenkungen, Horizontalbohrungen usw. erweisen. Der zu erwartende Wasserzutritt in den anderen Tunneln der BAM ist in Abhängigkeit vom anstehenden Gestein (oft schwachklüftiger Granit) gering.
Die hydrogeologischen Bedingungen für den Lagerstättenaufschluß und -abbau variieren nach der Intensität des Permafrostes, den geologisch-strukturellen Bedingungen und der petrographischen Zusammensetzung der Gesteine. Für das Gebiet der geschlossenen Verbreitung des Permafrostes sind ein geringer Wasserzufluß und dessen jahreszeitliche Schwankung typisch. Beim Abbau müssen aber die Möglichkeiten eines Oberflächenwasserzuflusses in die Tage- bzw. Tiefbauten im Sommer sowie kleinere Grundwassereinbrüche beim Anschnitt von Störungszonen in Betracht gezogen werden (z. B. Asbestlagerstätte Molodeshni). Gleiches gilt z. B. auch für die Kupferlagerstätte Udokan, deren Erzkörper bis in Teufen von 900 m (!) gefroren sind. Auch hier funktioniert der Grundwasserstrom nur oberhalb des Permafrostes und während der Auftauzeit in den wenigen Sommermonaten.
In den Permafrostgebieten vom Inseltyp sind die hydrogeologischen Bedingungen für den Lagerstättenaufschluß wesentlich komplizierter, vor allem wegen des räumlich sehr unterschiedlichen Grundwasserandrangs. In dem für solche Bedingungen typischen Steinkohlenbecken von Aldan-Tschülman können einem Tagebau von maximaler Abbauentwicklung (15 km²) im Sommer 2000 m³/h und im Winter 300 m³/h dynamische bzw. sich erneuernde Grundwassermengen zusitzen. Hohe Zuflußmengen sind beim Abbau von Lagerstätten unter der Permafrostzone zu erwarten. So muß in der künftigen Steinkohlengrube Urgal mit insgesamt etwa 1600 m³/h zusitzenden Grundwassers gerechnet werden. Insgesamt fehlen allerdings besonders komplizierte hydrogeologische Lagerstättenbedingungen, so daß vorerst hydrogeologische Betrachtungen im Vorerkundungsstadium für eine Abbaubeurteilung ausreichen.
Vorerst gilt es allerdings im hydrogeologischen Bereich mit aktuellen Problemen beim Bau der BAM, wie z. B. Aufeisbildung, Bodenquellung, Thermokarst und deren Einfluß auf die Stabilität des Gleiskörpers fertig zu werden (Abb. 5). Dabei kommt es darauf an, entweder die Ursachen des Aufeises zu erkennen bzw. zu beseitigen (Abb. 6), oder falls das nicht möglich ist, solche Gefahrenzonen zu meiden (Abb. 7). Die Bewältigung komplizierter inge-

Abb. 6. Beispiel für Maßnahmen gegen die Aufeisbildung

1 – wasserführende Störungen; 2 – Bewegungsrichtung des Grundwassers; 3 – Grenze des Dauerfrostbodens; 4 – abgedeckte Drainage; 5 – Rasensohle; 6 – verfaltete Gesteine

nieurtechnischer Probleme, wie Flußüberquerungen usw. werden in Kauf genommen, um die Aufeisgebiete zu umgehen.

3. Erschließung und Nutzungsmöglichkeiten von Mineralwässern

Die BAM durchquert drei bedeutende Mineralwasserprovinzen (Abb. 8). Neben den eigentlichen Chlorid-Sulfat-Wässern, Kohlensäurewässern und Thermen gibt es auch Wässer mit hohen Radon-, H_2S-, Bromgehalten sowie solche, die mit organischen Stoffen angereichert sind. Eine Nutzung als Heil-, industriell nutzbare und thermoenergetische Wässer bietet sich auf Grund der günstigen Verkehrslage der Quellen an.

Heilwässer:

Bisher gibt es entlang der BAM-Magistrale nur einen einzigen Kurort (Ust-Kut), wo Radon-, Chloridsolen und Heilschlamm genutzt werden. Angesichts des zu erwartenden stürmischen Bevölkerungszuwachses an der BAM ist eine Erweiterung des Sanatoriumsnetzes für einen sozialistischen Staat eine unbedingte Notwendigkeit. So sind z. B. eine Erweiterung der Kurorte Ust-Kut und Chakuss (Baikalsee) sowie die Eröffnung von Heilstätten in Munok, Mujakan, Byssa, Tschara, Eymnach und Harpitschikan (Hydrothermen und Kohlensäurewässer) vorgesehen. Diese unmittelbar an der BAM gelegenen Quellen stehen in Ergiebigkeit und Qualität denen der kaukasischen und europäischen Kurorte nicht nach.

Industriell nutzbare Mineralwässer

Im Gebiet der BAM-Weststrecke in salinaren Folgen des Unterkambriums vorkommende Solen erreichen eine Mineralisation bis 600 g/l und enthalten industriell nutzbare Konzentrationen an Br, Sr u. a. Elementen. Eine durchschnittlich noch relativ geringe Ergiebigkeit dieser Wässer verhindert bisher ihre industrielle Nutzung, obgleich einige Bohrungen mit bedeutenden Zuflüssen auf lokale Erschließungsmöglichkeiten hindeuten.

Thermogenetische Wässer

Die Nutzung der Wärmeenergie der Thermen ist bei den harten Klimabedingungen Ostsibiriens von großer Bedeutung für die Besiedlung dieses Gebiets. Die Thermalquellen mit Temperaturen bis 100 °C konzentrieren sich in intramontanen Senken und weisen eine Wärmeabfuhr von z. T. über 4500 kcal/s auf. Die Thermalwasservorräte reichen zwar für einen Bau von Kraftwerken vorerst kaum aus, könnten aber zweifellos lokal Wohn- und Treibhäuser von Ortschaften mit Wärme versorgen.

4. Klärung der Gesetzmäßigkeiten der Verbreitung sowie der Genese der Grundwässer

Die erfolgreiche Lösung der bisher geschilderten hydrogeologischen Hauptaufgaben hängt wesentlich von den Kenntnissen über Verbreitung und Genese der Grundwässer im Gebiet der BAM ab. Eine planmäßige hydrogeologische Kartierung bietet dafür gute Voraussetzungen. Bisher existieren für das Territorium Ostsibiriens nur sehr kleinmaßstäbliche hydrogeologische Übersichtskarten. Wegen der nur geringen zur Verfügung stehenden Zeit bis zur Fertigstellung der BAM muß sich eine Detailkartierung auf die wichtigsten Streckenabschnitte konzentrieren. Später schließt sich dann eine Ableitung regional gültiger, allgemeiner Gesetzmäßigkeiten an. Bei der hydrogeologischen Kartierung in Ostsibirien kommen moderne Methoden wie z. B. Luftbildauswertung, Analogieverfahren, Isotopen- und geophysikalische Methoden zum Einsatz.

Trotz der Dringlichkeit der hydrogeologischen Regionaluntersuchungen darf die Lösung der grundwassergeneti-

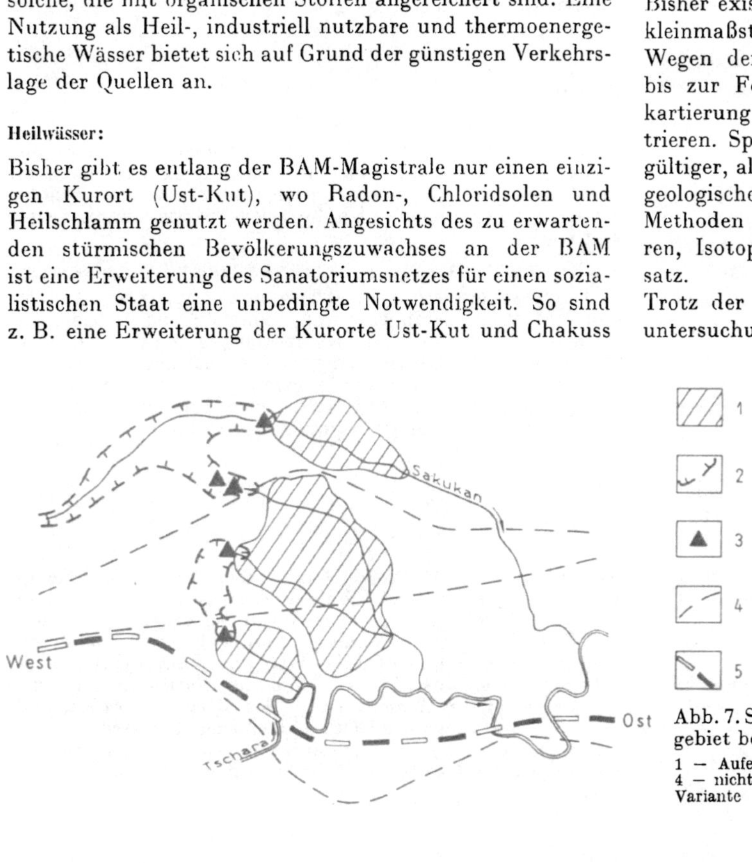

Abb. 7. Schema der Umgehung des Aufeises im Tscharagebiet beim Bau der BAM

1 – Aufeisgebiet; 2 – Auftauzone; 3 – Grundwasseraustritte; 4 – nicht realisierbare Varianten der BAM-Trasse; 5 – optimale Variante

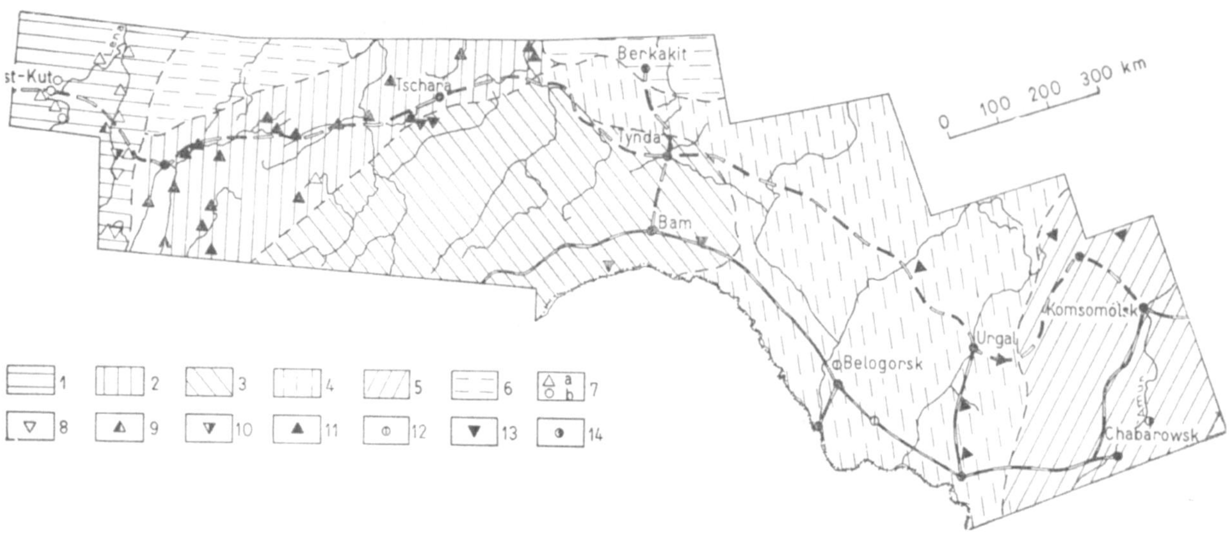

Abb. 8. Mineralwasserkarte des BAM-Territoriums

1 — Ostsibirisches Gebiet mit Salzwässern, erhöhten Radon- und Bromgehalten; 2 — Baikalgebiet mit Stickstoff- und Methanthermen; 3 — Daursker Gebiet mit CO_2-Wässern; 4 — Amur-Ochotsker Gebiet mit Stickstoff- und Methanthermen; 5 — Unteramurgebiet mit CO_2-Wässern; 6 — Mineralwasserfreie Gebiete; 7 — Quellen (a) oder Bohrungen (b) mit Solen bzw. erhöhten NaCl und $CaCl_2$-Gehalten; 8 — Quellen mit erhöhten $CaSO_4$ und Na_2SO_4-Gehalten; 9 — Süßwasserquellen mit Radongehalten; 10 — Süßwasserquellen mit erhöhten Gehalten an organischen Substanzen; 11 — Stickstoffthermen; 12 — Bohrungen, die Methanthermen aufschlossen; 13 — CO_2-haltige Quellen; 14 — Bohrungen, die CO_2-Wässer aufgeschlossen

schen Fragen nicht aufgeschoben werden. Während die Ernährungsbedingungen sowie die Genese der Grundwässer der oberflächennahen Grundwasserleiterkomplexe bisher ausreichend geklärt wurden, gibt es über die Entstehung der Tiefenwässer und ihrer Mineralisation, wie z. B. der Thermalwässer des Baikalgebiets oder der Solen der Sibirischen Tafel, erhebliche Meinungsverschiedenheiten. Zur Klärung dieser Fragen trugen in den letzten Jahren vor allem die Untersuchungen der Isotopenvariationen (δD, $\delta^{18}O$) sowie wassergelöster Bestandteile (Sr, He, Ar) bei. So konnte festgestellt werden, daß die hochkonzentrierten Solen mesozoische Infiltrationswässer mit einem etwa 30%igem Anteil an fossilen Sedimentationswasser darstellen und daß die Thermen des Baikalgebiets durch rezente Infiltrationen ernährt werden.

5. Grundwasserschutz

Mit der weiteren Erschließung Ostsibiriens durch die BAM werden in der Perspektive eine Vielzahl bedeutender Industriebetriebe entstehen, die nicht nur Wasser verbrauchen, sondern auch Abwasser in Vorfluter leiten oder in die Lithosphäre ablassen werden. Im Zusammenhang damit kommen den Fragen des Schutzes der Grundwasservorräte vor vollständiger Exploitation sowie vor Kontamination bereits zu Baubeginn besondere Bedeutung zu. Der Grundwasserschutz im Permafrostgebiet weist eine eigene Spezifik auf. Hierbei haben solche Schutzmaßnahmen das Primat, die auf die Erhaltung des Gleichgewichts zwischen Temperatur und physiko-chemischen Eigenschaften des Systems „Gestein-Wasser", d. h. auf die Wärmehaushaltskonstanz gerichtet sind. Die Erforschung der Voraussetzungen eines solchen Gleichgewichts setzt eine optimale Organisation und eine konsequente Durchführung von Beobachtungen der Veränderung des Grundwasserregimes voraus. Einen wirksamen Grundwasser- und Umweltschutz von Beginn der Erschließungsarbeiten in Ostsibirien an zu garantieren, ist wissenschaftlich sehr aufwendig und sehr kostspielig, charakterisiert aber in hervorragendem Maße einen sozialistischen Staat.

Zusammenfassung

Unter Verweis auf die Bedeutung der Baikal-Amur-Magistrale (BAM) für die Erschließung der sibirischen Bodenschätze wird die große Bedeutung der Lösung hydrogeologischer Fragen beim Bau der BAM dargelegt. Vier Hauptfragen werden untersucht: — die Grundwassererkundung und -erschließung zu Versorgungszwecken, — hydrogeologische Probleme beim Bau der BAM und der Lagerstättenerschließung, — Verbreitungsgesetzmäßigkeiten und Genese der Grundwässer, — Grundwasserschutz. Dabei werden Probleme des Permafrosts behandelt und auf Erschließungs- und Nutzungsmöglichkeiten von Mineralwässern als Heil-, industriell nutzbare und thermoenergetische Wässer eingegangen.

Резюме

Сылаясь на значение Байкал-Амурской Магистрали (БАМ) для освоения сибирских полезных ископаемых, излагается большое значение решения гидрогеологических вопросов при постройке БАМа. Исследуются четыре главных вопроса:

— разведка и освоение грунтовых вод для цели снабжения,
— гидрогеологические проблемы при постройке БАМа и при освоении месторождений, закономерности распространения и генезиса грунтовых вод, охрана грунтовых вод. При этом обсуждаются проблемы вечной мерзлоты и останавливаются на возможностях освоения и использования минеральных вод как лечебные, промышленно использовавшие и термоэнергетические воды.

Summary

The importance of the Baikal-Amur railway line for opening up the mineral resources of Sibiria is emphasized, as is that of solving hydrogeological problems during its construction. Four questions arising in this connection are as follows: exploration and capture of ground water for supply purposes, hydrogeological problems of railway construction and deposit development, regularities of distribution and genesis of ground waters, and ground-water protection. Other problems discussed include eternal frost, as well as possibilities of exploring and utilizing mineral waters for medicinal, industrial and thermoenergetic purposes.

Zeitschrift für angewandte Geologie, Bd. 23 (1977), Heft 10

Methode zur Bestimmung des Meißelbedarfs beim Niederbringen von Bohrungen unter komplizierten geologischen Bedingungen

PEDKO, A., Leipzig

Diese Ausarbeitung untersucht das Problem der Bestimmung des notwendigen Meißelbedarfs unter unterschiedlichen geologischen Bedingungen. Die derzeitige Verfahrensweise, deren Prinzip auf ermittelten Durchschnittswerten des zu bohrenden Intervalls beruht, wurde analysiert und deren unzureichende Genauigkeit nachgewiesen. In der neu vorgestellten Methode wurde das Prinzip bestimmter objektiver und subjektiver Einwirkungen auf die Meißelmarschlänge untersucht. Die Genauigkeit dieser Methode ist zureichend, um die notwendige Meißelanzahl zu bestimmen. Die Ergebnisse der Analyse ermöglichen ihre Anwendung bei der Lösung technisch-ökonomischer Aufgaben.

Als Grundlage zur Bestimmung der zu planenden Meißelanzahl diente herkömmlich folgender Mittelwert:

$$h = \frac{H}{n}. \qquad (1)$$

Es bedeuten:

h — durchschnittliche Meißelmarschlänge,
H — Teufenintervall,
n — Meißelanzahl.

Der Zusammenhang gemäß (1) läßt darauf schließen, daß sich die Meißelmarschlängen nur unwesentlich voneinander unterscheiden. Auftretende Unterschiede sind so minimal, daß sie vernachlässigt werden können. Als Erläuterung dazu dient folgende Formel:

$$h_1 = h_2 = \cdots h_n. \qquad (2)$$

Es bedeutet:

h_1 — Meißelmarschlänge.

Die Meißelmarschlänge hängt jedoch von verschiedenen nachfolgenden Parametern ab:

- von der Teufe der Bohrung (PEDKO u. a. 1965);
- von der Art des Bohrwerkzeugs (PEDKO 1962, KARASIK u. a. 1965);
- von den mechanischen Gesteinseigenschaften (DERGUNOW u. a. 1965);
- vom Bohrregime (PEDKO & ACHUNDOW 1969).

Dem Einfluß dieser Parameter ist jeder Meißel unterworfen. Da jedoch die Kombination der Parameter variabel ist, führt sie zu unterschiedlichen Meißelmarschlängen. Daraus folgt, daß die Bedingung (2) nicht erfüllt ist und folgende Bedingung existiert:

$$h_1 \neq h_2 \neq \cdots h_n. \qquad (3)$$

Das Ergebnis (3) zeigt auf, daß die Ermittlung der durchschnittlichen Meißelmarschlänge gemäß (1) fehlerbehaftet ist und aus diesem Grund nicht angewandt werden kann, wenn eine ausreichende Genauigkeit gefordert wird.

Zur genauen Ermittlung der durchschnittlichen Meißelmarschlänge ist eine bestimmte Anzahl von Vergleichsmessungen erforderlich (KAPLAN 1970). Durch eine zu geringe Anzahl von Messungen wird die Genauigkeit des Werts der durchschnittlichen Meißelmarschlänge verringert und führt bei einer unzureichenden Anzahl von Messungen zu einem, für die Lösung technisch-ökonomischer Aufgaben, unbrauchbaren Ergebnis.

Über die Anwendungsmöglichkeit dieser Methode entscheidet die Größe des Variationskoeffizienten nach der Formel (4) (BELIKOW u. a. 1969)

$$v = \frac{\sigma}{h} \times 100\%. \qquad (4)$$

Es bedeuten:

v — Variationskoeffizient,
σ — mittlere quadratische Abweichung,
h — Meißelmarschlänge.

Die Anwendung dieser Methode ist möglich, wenn der ermittelte Wert des Variationskoeffizienten kleiner oder gleich dem zulässigen Wert von $v = 33\%$ ist. Diese Forderung wurde bei der Entscheidung über die Anwendbarkeit der Methode auf der Lagerstätte Peckensen—Salzwedel zugrunde gelegt, die durch ihre komplizierte geologische Struktur charakterisiert ist. Die mechanischen Gesteinseigenschaften verschiedener Bohrungen waren sehr unterschiedlich, wodurch auch wesentliche Schwankungen der Meißelmarschlängen auftraten.

Die erheblichen Unterschiede der geologischen Bedingungen im anstehenden Gebirge forderten eine ständige Änderung der Bohrregime und somit zu Abweichungen der Meißelmarschlängen von den durchschnittlichen Meißelmarschlängen. Diese Voraussetzungen bildeten die Ursache für die Ungenauigkeit der Ermittlung einer durchschnittlichen Meißelmarschlänge und gaben Veranlassung, diese Methode auf ihre Anwendbarkeit zu prüfen.

Nach der Formel (4) ist der Variationskoeffizient in der geologischen Formation $2 - k_2$ für den Meißeltyp 13 MJ bestimmt worden.

Tab. 1

Teufenintervall ∅	Meißelmarschlänge ∅	quadratische Abweichung	Meißelanzahl	Variationskoeffizient %
1	2,72d	1,18	3	43
2	1,80d	0,76	5	31
3	1,45d	0,59	7	40

Die Ergebnisse der Berechnungen sind als relative Werte dargestellt.

d — ständiger Koeffizient zur Umwandlung des relativen in den absoluten Wert.

Das erste Intervall der geologischen Formation wird als Anfangsintervall bezeichnet, die relative Teufeneinheit

Eingang des Manuskripts in der Redaktion: 10. 2. 1977.

beträgt 200 m. Daraus schlußfolgernd hergeleitet, ergibt sich:

$H_1 = Ho$,
$H_2 = Ho + 200$ m,
$H_3 = Ho + 400$ m, wobei Ho das Anfangsintervall als absoluter Wert ist.

Die Anfangsintervalle sind unterschiedlich. Tab. 2 gibt die Anfangsintervalle für unterschiedliche Meißeltypen an.

Tab. 2

Geologische Formation	Meißeltyp	Bohrverfahren	b	a	Teufenintervall	k
1	13 MJ	DR	2,7	0,29	1–8	3,53
2	13 SJ	DR	1,58	0,18	1'–6	3,01
	13 MJ	DR	2,43	0,26	1''–8	6,40
3	13 SJ	DR	1,59	0,17	1'–9	5,14
	13 MJ	DR	1,14	0,13	1'''–7	3,94
4	13 MJ	DR	0,58	0,033	1'–11	6,40
	13 MTAJ	DR	0,55	0,064	1^{IV}–6	4,40
5	2k-214k	R	0,27	0,041	1^{V}–5	4,70

Aus Tab. 1 ist ersichtlich, daß die Werte des Variationskoeffizienten die zulässigen Werte, bis auf das 2. Intervall, überschreiten folglich diese Methode zur Berechnung der durchschnittlichen Meißelmarschlänge nicht angewendet werden kann und somit die Ungenauigkeit der Ermittlung nach Formel (1) nachgewiesen ist.
In der Literatur (TRUMAN 1924, EZEKIEL 1929, Extending Stream-Flow Records, US-Geological Survey 1947) wird festgestellt, daß die Ergebnisse von Messungen der den Meißelmarsch beeinflussenden Parameter bessere Rückschlüsse auf die Meißelmarschlänge gestatten als die Ermittlung der durchschnittlichen Meißelmarschlänge im Intervall. Diese Erkenntnis ist bei der Bestimmung der zu planenden Anzahl von Meißeln zugrunde gelegt worden.
Die Ergebnisse der Untersuchung beruhen auf Meißeleinsätzen aus 36 Bohrungen der Lagerstätte Peckensen—Salzwedel. Die Resultate sind nach ROMANOWSKI (1947) ermittelt worden. Die Regressionsabhängigkeit der Meißelmarschlängen ist anhand der Teufe der Bohrungen bestimmt worden; Meißelmarschlänge und Teufe verhalten sich linear, wie die folgende Formel (5) zeigt.

$$h = (b - aH) \cdot d \qquad (5)$$

Es bedeuten:

a und b — Koeffizienten, die vom Meißeltyp und den geologischen Gesteinseigenschaften abhängig sind,
d — ständiger Koeffizient zur Umwandlung des relativen in den absoluten Wert,
h — Meißelmarschlänge,
H — Teufe.

Die Größe der Koeffizienten a und b ist in Tab. 2 dargestellt. Das lineare Verhältnis von durchschnittlicher Meißelmarschlänge und Teufenintervallen wurde nach ROMANOWSKI (1947) ermittelt.
Die gesetzmäßige Entwicklung der Meißelmarschlängen (5) wurde mit Hilfe der Formel (6) und nach der gleichen Methode wie oben bewiesen (Tab. 2)

$$k = |r| \sqrt{n-1} \geqq 3. \qquad (6)$$

Es bedeuten:

r — Korrelationskoeffizient,
n — Anzahl der Proben.

Aus der Tab. 2 ist ersichtlich, daß die Forderung gemäß Formel (6) für alle Meißeltypen erfüllt ist. Die Erfüllung dieser Forderung weist darauf hin, daß Formel (5) als Grundlage zur Berechnung der zu planenden Meißelanzahl dienen kann, was zu beweisen war.
Die Ergebnisse nach Formel (1) und (5) wurden verglichen. Die Meißelmarschlänge des Meißels 13 MJ beträgt für das 1. Teufenintervall nach Formel (1) laut Tab. 1.

$$h_1 = 2{,}72 \cdot d. \qquad (7)$$

Die Meißelmarschlänge nach Formel (5) ist laut Tab. 2

$$h_1 = (2{,}43 - 0{,}26 \cdot H) \cdot d = (2{,}43 - 0{,}26 \cdot 1) \cdot d = 2{,}17 \cdot d \qquad (8)$$

Die notwendige Meißelanzahl, deren Größe 100 d beträgt, wird nach Formel (1) und (5) unter Anwendung der Relation (9) und (10) bestimmt.
Nach Formel (1) beträgt die Meißelanzahl

$$n_1 = \frac{100 \cdot d}{2{,}72 \cdot d} = 36{,}7 \approx 37 \text{ Stück} \qquad (9)$$

nach Formel (5) ist

$$n_1' = \frac{100 \cdot d}{2{,}17 \cdot d} = 46{,}1 \approx 47 \text{ Stück.} \qquad (10)$$

Mit 47 Meißeln kann das Intervall völlig erbohrt werden, wogegen die Meißelanzahl nach Formel (9) nur das Erbohren eines Teils des Intervalls erlaubt. Die Fehlmenge ergibt sich aus folgender Formel

$$n_1' - n_1 = 47 - 37 = 10 \text{ Stück.} \qquad (11)$$

Die Größe des Intervalls, das sich mit 37 Meißeln erbohren läßt, beträgt

$$H_a = 37 \cdot 2{,}17 \cdot d = 80{,}29 \cdot d. \qquad (12)$$

Das Restintervall H_b, auf dem andere Meißeltypen eingesetzt werden müssen, beträgt

$$H_b = 100\, d - H_a = 19{,}71\, d. \qquad (13)$$

Für die geologische Formation 2 steht der Meißeltyp 13 SJ zur Verfügung. Die Meißelmarschlänge des Meißeltyps 13 SJ wird mit Hilfe der Tab. 2 für das 1. Teufenintervall bestimmt

$$h_{,,} = (1{,}58 - 0{,}18 \cdot H) \cdot d = (1{,}58 - 0{,}18 \cdot 1) \cdot d = 1{,}40 \cdot d. \qquad (14)$$

Aus Formel (14) ist erkennbar, daß die Meißelmarschlänge des Meißeltyps 13 SJ kleiner als die des Typs 13 MJ ist, und eine Erhöhung des Meißelbedarfs hervorruft. Die Anzahl der Meißel des Typs 13 SJ beträgt zum Erbohren des Restintervalls H_b:

$$n_{,,} = \frac{H_b}{1{,}40 d} = \frac{19{,}71\, d}{1{,}40\, d} = 14{,}07 \approx 15 \text{ Stück.} \qquad (15)$$

Zeitschrift für angewandte Geologie, Bd. 23 (1977), Heft 10

Der Meißelgesamtbedarf beträgt demnach

$$n_1 + n_{,,} = 37 + 15 = 52 \text{ Stück}. \qquad (16)$$

Der prozentuale Verlust an Meißelmarschlänge je Meißel, beim Einsatz nicht den geologischen Bedingungen Rechnung tragender Meißel wird durch den Ausdruck (17) ermittelt:

$$\frac{h_1' - h_{\prime\prime}}{h_1'} \cdot 100\% = \frac{2{,}17\,d - 1{,}40\,d}{2{,}17\,d} \cdot 100\% = 35{,}4\%. \quad (17)$$

Der Gesamtverlust an Meißelmarschlänge beträgt

$$(n_1' - n_1) \cdot 35{,}4\% = (47 - 35) \cdot 35{,}4\% = 426\%. \qquad (18)$$

Die Ermittlung der durchschnittlichen Meißelmarschlänge nach Formel (1) führt demnach zu einem Verlust gemäß Formel (18). Der daraus resultierende Mehrbedarf an Meißeln wurde nach Formel (16) ermittelt. Mit der Steigerung des Meißelbedarfs aus Formel (10) auf die gemäß Formel (16) ermittelte Größe erhöht sich die Anzahl der Aus- und Einbauoperationen und damit die Bohrkosten erheblich. Die Ermittlung gemäß Formel (1) ist relativ einfach, jedoch ungenau und kann aus diesem Grund nicht immer angewandt werden. Sie kann zur Berechnung der Meißelanzahl dienen, wenn der Nachweis der zureichenden Genauigkeit bereits erbracht ist. Die Analyse zeigt jedoch auf, daß die Methode gemäß Formel (1) unter den komplizierten geologischen Bedingungen der betrachteten Lagerstätte im allgemeinen nicht anwendbar ist, zumal im Gegenteil die Anwendbarkeit der Formel (5) bewiesen wurde. In jedem Fall ist die Aussagekraft der Ermittlung nach Formel (5) realistischer als die nach Formel (1).
Die Ergebnisse nach Formel (5) und die Werte der Tab. 2 sind zur Ermittlung der zu planenden Meißelanzahl für Bohrarbeiten auf jeder beliebigen Lagerstätte anwendbar und übertragbar.

Schlußfolgerungen

Mit dieser Methode konnten folgende Ergebnisse erzielt werden:

— die durchschnittliche Meißelmarschlänge im Intervall kann nicht zur Berechnung der Meißelanzahl dienen;
— die Abhängigkeiten der Meißelmarschlänge von der Teufe, deren Linearität und ausreichende Genauigkeit zu beweisen war, sind fixiert worden;
— für die Berechnung der für ein Bohrfeld notwendigen Meißelanzahl dienen die Faktoren als Grundlage, die die Meißelmarschlänge beeinflussen;
— die Methode der Meißelbedarfsermittlung kann für beliebige Lagerstätten angewandt werden.

Zusammenfassung

Die Abhängigkeiten der Meißelmarschlänge von der Teufe, deren Linearität und ausreichende Genauigkeit zu beweisen war, werden fixiert. Für die Berechnung der innerhalb eines Bohrfeldes notwendigen Meißelanzahl dienen Faktoren als Grundlage, die die Meißelmarschlänge beeinflussen. Diese Methode der Meißelbedarfsermittlung kann für beliebige Lagerstätten angewendet werden.

Резюме

Установлены зависимости проходки на долото от глубины, линейность и достаточная точность которых доказаны. Для рассчёта необходимого количества долот, при разработке месторождения, служат факторы, которые влияют на проходку долота. Этот метод может применяться, при определении потребности долот, для любых месторождений.

Summary

The dependences of the footage per bit on the depth are fixed, whose linearity and sufficient accuracy was to be proved. Factors influencing this footage serve as a basis of calculating the number of bits required within a drilling field. This method of determining the want of bits is applicable to any deposits.

Literatur

BELIKOW, W. u. a.: Verallgemeinerung und Verbreitung der Spitzenleistungen in der Bohrtechnik. — Verlag Nedra, Moskau 1969.
DERGUNOW, W. u. a.: Verbesserung der technisch-ökonomischen Kenndaten des Bohrens in den Meereslagerstätten durch die Anwendung der verschiedenen Meißeltypen. — Sbornik AZINTI, 2, Baku 1965.
EZEKIEL, M.: Meaning and significance of correlation coeficients. — Amer. Econ. Rev., 14, 2, 246—250 (1929).
KAPLAN, B.: Expreß-Berechnung der haupt-mathematisch-statistischen Kenndaten. — Verlag Maarif, Baku 1970.
KARASIK, G.; PEDKO, A.: Analytische Bestimmung der zulässigen Zeit der Meißelarbeit. — Trudy AZNII burneft, 8, Verlag Nedra, Leningrad 1965.
PEDKO, A.: Analyse und Methode der Auswahl der rationellen Konfiguration des Lagers des Meißeltyps B 11 S. — ZTP, 12, Baku 1962.
PEDKO, A. u. a.: Abhängigkeit der Arbeit der Meißel vom Typ des Spülkanals. — Neft i Gas, 5, Baku 1965.
PEDKO, A.; ACHUNDOW, D.: Untersuchung der Arbeit der Turbinen TS5B-9 bei der Teufe über 3000 m. — N. Ch. Nr. 8., Moskau 1969.
PEDKO, A. u. a.: Über die Verschleißfestigkeit des Lagers der Sektionsturbinen. — Sbornik VNII oeng. Massiny i neftjanoe oborudowanie, 7, Moskau 1969.
ROMANOWSKI, V.: Anwendung der mathematischen Statistik in der Praxis. — Gostechisdat, Moskau 1947.
TRUMAN, K.: Statistical Method. — Macmillan-Verlag, P 282, New York 1924.
Extending Stream — Flow Records. — V. S. Department of the interior, Geological Survey, Water Resources Branch, 7—8, Washington 1947.

Altmarkit, ein neues Mineral

(vorläufige Mitteilung)

KAEMMEL, T., Berlin; MÜLLER, E. P.; KROSSNER, L.; NEBEL, J., Gommern; UNGER, H., UNGETHÜM, H., Berlin

In den Erdgaslagerstätten im Rotliegenden der Altmark, deren Gase dem N_2—CH_4-Typ angehören und die quecksilberführend sind, konnten während der Förderung in den unter- und obertägigen Installationen metallische Feststoffablagerungen nachgewiesen werden. Diese Ablagerungen, die blei- und quecksilberhaltig sind, bilden mm bis cm starke Krusten von grauer oder metallgrauer Farbe. Erstmalig erfolgte der Nachweis von Pb (und Hg) in Belägen auf Prüfkörpern aus Stahl für die Korrosionskontrolle.
Neben gediegen Quecksilber und Blei wurden die beiden Amalgame $HgPb_2$ und (Hg, Pb) identifiziert. Nach JAN-SCHO-SJAN u. a. (1967) liegen im System Hg—Pb zwischen 350 °C und —50 °C außer der flüssigen Phase drei feste Phasen vor: α — (Hg, Pb); β — $HgPb_2$ und unter —38 °C; γ — Hg. Die Identifikation der festen Bleiamalgame aus den Erdgaslagerstätten der Altmark erfolgte anhand des Vergleichs der Gitterparameter mit den künstlichen α- und β-Phasen des Systems Hg—Pb.

Eingang des Manuskripts in der Redaktion: 6. 7. 1977.

Tab. Charakteristik der Bleiamalgame, die bei der Förderung von Rotliegenderdgasen der Altmark entstehen

	Atomprozent		KS	wichtigste d-Werte (A)	Gitterkonstanten (Å)			Drö	Härte (Mohs)	Farbe	Spaltbarkeit
	Hg	Pb			a_0	c_0	Spt				
$HgPb_2$	27–36	73–64	tetr.-innen-zentriert	2,78 2,49 1,67	3,52	4,53	145°	12,1	<2	silberweiß glänzend, grau anlaufend	nicht beobachtet
(Hg, Pb) 0–23% Hg	20	80	Fm3m	2,80 2,43 1,73	4,87[1]		193°[1]	11,8[1]			
Hg	100–99	0–1	(flüssig)								

KS — Angaben zum Kristallgitter, Spt-Schmelzpunkt
Drö — röntgenographische Dichte
1 — Werte für einen (Hg, Pb) Mischkristall mit 20% Hg

Die aus den natürlichen Begleitkomponenten der Erdgase der Lagerstätten in der Altmark gebildeten Bleiamalgame werden nach vorliegenden Untersuchungsergebnissen unter Berücksichtigung der Untersuchung an synthetischen Materialien durch die in der Tabelle aufgeführten Parameter gekennzeichnet. Als Name wird auf Grund seines Auftretens für das Bleiamalgam $HgPb_2$ „Altmarkit“ vorgeschlagen. Das Bleiamalgam (Hg, Pb) ist z. Z. für eine Benennung noch nicht ausreichend bekannt.

Modellmäßig werden die nachgewiesenen Phasen wie folgt genetisch erklärt: Die Schichtwässer im Rotliegenden (Na—Ca—Mg und Ca—Na—Mg-Chloridtypen) transportieren das Blei in Form von Chlorokomplexen im Erdgasstrom, der Hg in der Dampfphase enthält, aus den Speichergesteinen über die Förderinstallationen in die Erdgasaufbereitungslinien übertage. Triebkraft ist die natürliche Energie des Lagerstätteninhalts. Durch differenzierte Druck- und Temperaturunterschiede bei der Förderung sowie elektrochemische Umsetzungen am Stahl der Sondeninstallationen kann die Ablagerung von metallischem Blei aus den chloridischen Salzlösungen erfolgen. Das metallische Blei ist ein ausgezeichneter Reaktionspartner für das in der Dampf- oder Aerosolphase im Erdgas auftretende Quecksilber, daß für die Umbildung zu den nachgewiesenen Amalgamen verantwortlich ist. Die Ablagerungsbedingungen der metallischen Beläge innerhalb der Erdgasfördereinrichtungen sind funktionell von der Strömungsgeschwindigkeit des Erdgases, den p/T°-Bedingungen und den Konzentrationsgefällen der fluiden Phasen abhängig.

Probenmaterialien der Bleiamalgame sind im Museum für Naturkunde 104 Berlin, DDR, hinterlegt.

Literatur

JAN-SCHO-SJAN u. a.: Zustandsdiagramm des Systems Blei-Quecksilber. — Akad. Nauk Kasachskoj SSR, tr. inst. chim. n. tom 15 (1967), 139—149 (russ.).

KAEMMEL, T.; MÜLLER, E. P.; KROSSNER, L.; NEBEL, J. u. a.: Sind $HgPb_2$ und (Hg, Pb), gebildet aus natürlichen Begleitkomponenten der Erdgase der Lagerstätten der Altmark, Minerale? (Z. angew. Geol., Berlin, i. Vorbereitung).

Zur 5. Allunionskonferenz über Thermobarogeochemie

In der Zeit vom 20. bis 23. September 1976 fand in Ufa/UdSSR die 5. Allunionskonferenz über Thermobarogeochemie statt. An der Beratung nahmen 317 Wissenschaftler aus allen Gebieten der UdSSR teil. Die 277 angemeldeten Vorträge wurden in Plenarsitzungen und Kommissionsveranstaltungen gehalten. Letztere waren in die Themenkomplexe „Thermodynamische Geochemie hydrothermaler und pneumatolytischer Mineralbildung“, „Petrologie des Magmatismus und der Metamorphose“, „Anwendung geochemischer Einschlußsysteme in Mineralen“ (Suche und Bewertung von Lagerstätten) und „Methodik und Technik der Untersuchung der Einschlüsse mineralbildender Medien“ untergliedert.

In einem einleitenden Plenarvortrag zum Thema „25 Jahre Thermobarogeochemie und die Pläne ihrer Entwicklung im letzten Viertel des 20. Jahrhunderts“, gab der langjährige Präsident und derzeitige Vizepräsident der „Commission of ore forming fluid inclusions“ (COFFI) im Rahmen der IAGOD, Prof. Dr. N. P. JERMAKOW, einen Überblick über den Anteil sowjetischer Forscher bei der Entwicklung dieses ebenso interessanten und vielseitigen wie wichtigen Zweigs der Geowissenschaften. Dank der Unterstützung weitblickender Gelehrter wie BILIBIN, KORSHINSKI, SMIRNOW u. a. konnte sich der junge Wissenschaftszweig gegen bestehende Skepsis durchsetzen und erste Erfolge vorweisen, die über die Grenzen der UdSSR hinaus Bedeutung erlangten. Inzwischen ist die nationale und internationale Anerkennung des Wissenschaftszweigs, seine wissenschaftliche und wirtschaftliche Bedeutung und sein Einfluß auf fast alle geowissenschaftlichen Disziplinen durch regelmäßige Kongresse auf Landes- und IGC-Ebene, durch eigene Organisation sowie Publikations- und Referatenorgane und durch die große Zahl von Spezialisten allgemein erreicht. Allein in der UdSSR entstanden in den vergangenen 25 Jahren 12 Doktordissertationen, 150 Kandidatendissertationen, 20 Bücher und 2330 wissenschaftliche Arbeiten, davon allein 1140 seit 1970. Über 500 Wissenschaftler befassen sich in 80 Laboratorien der UdSSR mit den Aufgaben der Thermobarogeochemie.

Aus dem derzeitigen Stand leitete Prof. JERMAKOW einige aktuelle Probleme ab, die sich mit den Begriffen Standardisierung der Verfahren, Kampf gegen sorg- und kritiklose Anwendung verschiedener Methoden und weitere Festigung der physikochemischen Grundlagen der Zustände und Prozesse umreißen lassen. Ausgehend von den Beschlüssen des 25. Parteitags der KPdSU, legte Prof. JERMAKOW das Programm der Thermobarogeochemie bis zum Jahre 2000 vor, aus dessen Fülle folgende Punkte herausgegriffen werden sollen:

— Erweiterung der Möglichkeiten von Prognose-, Such- und Erkundungsarbeiten zur Entwicklung der Rohstoffbasis;

— Erweiterung der Untersuchungsverfahren an verborgenen Erzkörpern, Bohrkernen, Schlichproben usw.;

Veröffentlichung Nr. 660 der Sektion Geowissenschaften der Bergakademie Freiberg.

- Erweiterung der Kenntnisse durch Anwendung der Mineralsynthese;
- Vertiefung der Theorien der Mineral-, Gesteins- und Erzbildung und Verknüpfung des Wissens aller geowissenschaftlichen Zweige;
- Optimierung der Methoden und technischen Mittel und Verstärkung des EDV-Einsatzes;
- Verbesserung der internationalen Korrelation und Kooperation, besonders im Rahmen des RGW.

Der Jubiläumskongreß in Ufa spiegelte die Vielfalt der Anwendungs- und Einsatzmöglichkeiten der Methoden der Thermobarogeochemie wider. In weitem Bogen spannten sich die Vorträge von grundlegenden theoretischen physikochemischen Arbeiten bis zur speziellen Untersuchung eines Minerals oder einer Paragenese, von kosmischen Objekten bis zur komplexen Lagerstättenbewertung, von Mantelfluida bis zu Problemen sedimentärer Gesteine. Kaum ein Thema, bei dem die Wirkung mobiler Stoffphasen eine Rolle spielt, blieb unberührt, seien es die Zusammenhänge zwischen magmatischen Fluida und den verschiedenartigsten Tiefengesteinen, Vulkaniten oder Anatexiten, die komplizierten Zusammenhänge zwischen Magmatismus und Erzbildung, die Bewertung von Lagerstätten, die Bestimmung des Erosionsniveaus, oder seien es Impaktite oder synthetische Kristalle. Einige auffällige Schwerpunkte, die sich anhand der Häufigkeit der angebotenen Vorträge abzeichnen, sollen hier wiedergegeben werden:

- Genese von granitoiden Magmatiten und Vulkaniten und ihre Minerogenie (25 Vorträge)
- Metamorphe Fazies und Prozesse (10 Vorträge)
- Pegmatite (Bildung und Lagerstätten) (16 Vorträge)
- W—Mo—Sn- und Skarnlagerstätten (15 Vorträge)
- Hydrothermen und Fluida (21 Vorträge)
- Goldlagerstätten (28 Vorträge)
- Kieslagerstätten und Polymetall-Lagerstätten (22 Vorträge)
- Fluorit-Baryt-Lagerstätten (17 Vorträge)
- Dekrepitationsmethode (14 Vorträge)
- Methoden der Chemismusbestimmung (17 Vorträge)
- Methoden der Gaszusammensetzung (6 Vorträge)
- Synthesen (12 Vorträge)

Nahezu 50 Themen waren mit 1 bis 4 Vorträgen vertreten. Die Arbeiten zur Bestimmung von Paläotemperaturen und -drücken wurden zahlenmäßig nicht erfaßt, da die Mehrzahl der angeführten Themen zu lagerstättenkundlichen und -genetischen Fragen derartige Werte als obligatorischen Anteil enthalten.
Der 6. Allunionskongreß für Thermobarogeochemie der UdSSR wird in Petropawlowsk-Kamtschatka durchgeführt und sich speziell mit Problemen magmatischer Gase beschäftigen.

Literatur

JERMAKOW, N. P. (1976): 25 Jahre Thermobarogeochemie und Pläne ihrer Entwicklung im letzten Viertel des 20. Jahrhunderts (russ.). — 17 S., Moskau 1976.

Thesen der Vorträge des 5. Allunionskongresses für Thermobarogeochemie (20.—23. 9. 1976), Ufa 1976.

O. LEEDER, Freiberg

Buchbesprechungen

BULNAJEW, K. B.

Die Fluoritlagerstätten West-Transbaikaliens (metallogenetische Analyse)

Nowosibirsk: Isdat. Nauka, sibir. otdel. 1976. Trudy Geol. Inst. Burjatsk. filial Sibirsk. Otdelenija AN SSSR. 128 S., 43 Abb., 16 Tab., 227 Lit. (russ.)

Diese Monographie ist mehr als ein regionaler Überblick über einen bekannten Lagerstättenbezirk. Der Untertitel deutet darauf hin, daß die Fluoritlagerstätten West-Transbaikaliens und ihr Zusammenhang mit dem endogenen Magmatismus unter komplexem metallogenetischem Aspekt analysiert werden und, schlußfolgernd daraus, leitet Verf. allgemeingültige Vorschläge zur Prognostizierung und Suche von Fluoritlagerstätten ab.
Zunächst werden die Fluorit- und fluorithaltigen Lagerstätten zu Erzformationen zusammengestellt und die einzelnen Lagerstättentypen anhand mineralogischer und strukturgeologischer Merkmale klassifiziert. Folgende Formationen werden vom Verf. unterschieden:
1. (epithermale) Fluorit-Formation; 2. Fluorit-Seltenmetall-Formation; 3. Quarz-Fluorit-Formation; 4. Fluoritführende Molybdän-Seltenmetall-Wolfram-Formation. Die Fluoritmineralisationen werden ausführlich auf ihre altersmäßige und strukturgeologische Position untersucht und die Besonderheiten in der Entwicklung sowie die allgemeinen Züge herausgearbeitet.
Sehr detailliert werden die Beziehungen der einzelnen Fluorit-Formationen zum Magmatismus analysiert. Den Abschluß der Untersuchungen bildet die Klärung der Verteilungsgesetzmäßigkeiten der Fluorit- und fluoritführenden Lagerstätten im westlichen Transbaikalien, wobei nicht nur der sowjetische Anteil, sondern auch der in der MVR liegende und bis zur Wüste Gobi reichende Teil dieser Lagerstättenprovinz beschrieben wird. Dabei gelingt es Verf. gut, die unterschiedlichen Einflüsse verschiedener geologischer Faktoren auf die regionale Verbreitung der Fluoritlagerstätten bzw. der fluoritführenden Erzlagerstätten aufzuzeigen.
Eine Vielzahl von schematischen Karten und Profilen illustriert die Monographie, die Vf. unter Auswertung einer großen Anzahl lokaler Arbeiten und Berichte überwiegend der letzten zehn Jahre zusammenstellte.

P. KRÜGER

DIETRICH, G.; KALLE, K.; KRAUSS, W.; SIEDLER, G.

Allgemeine Meereskunde

Berlin—Stuttgart: Verlag Gebr. Borntträger 1975. 3. Aufl., 593 S., 382 Abb., 8 Taf., 48 Tab., DM 98,60

Die vorliegende dritte Auflage der „Einführung in die Ozeanographie", wie das Werk im Untertitel bezeichnet wird, widerspiegelt den Fortschritt, der bei der Erforschung der Meere und Ozeane im letzten Jahrzehnt erreicht worden ist. Dabei wird auch deutlich, wie neben der beschreibenden Betrachtungsweise in zunehmendem Maße die quantitative Erforschung der Prozesse an Bedeutung gewinnt und mit modernen Arbeitsmethoden beherrscht werden kann.
Im Kap. 1 wird mit der Darstellung der Topographie des Meeresbodens, der Verteilung und dem Ablagerungsmechanismus der Sedimente am Meeresboden sowie der Diskussion der Entstehung von Bodenformen im gewissen Sinne die geologische Grundlage der Ozeanographie abgehandelt. Kap. 2 beschäftigt sich mit den physikalischen Eigenschaften und der chemischen Zusammensetzung des Meerwassers. Kap. 3 vermittelt einen kurzen Einblick in ozeanographische Instrumente und Meßmethoden. Die Kap. 4—9 behandeln spezielle Zweige der Ozeanographie und bringen eine Fülle von Faktenmaterial, die aus einer umfangreichen Spezialliteratur zusammengestellt wurden. Dazu gehören der Energie- und Wasserhaushalt des Meeres, die Beziehungen zwischen Temperatur und Salzgehalt, der Stoffhaushalt des Meeres, die Theorie der Meeresströmungen, die Erforschung der Oberflächenwellen und der Gezeitenerscheinungen. Im Kap. 10 wird mit der regionalen Ozeanographie schließlich die Gesamtdarstellung des Weltmeeres gegeben. Besonders hervorzuheben ist die Ergänzung des Textes durch instruktive Karten, Diagramme, Fotos und Farbtafeln sowie ein Sachverzeichnis.
Das Buch wendet sich in erster Linie an den Ozeanographen, zeigt aber darüber hinaus einem größeren naturwissenschaftlich-technisch interessierten Kreis die Probleme, Ergebnisse und allgemeine Bedeutung der Ozeanographie. Den Geologen interessieren besonders die im Grenzgebiet Geologie-Ozeanographie angesiedelten Fragen des Transports und der Ablagerung der Sedimente. Mit den Suspensionsströmungen wird ein bemerkenswertes, vielleicht sogar das bedeutendste Element des Sedi-

menttransports behandelt, zu dem man sich etwas mehr an Informationen gewünscht hätte.
Kleine Mängel, wie die Verwendung des Begriffes „diluvial", und vereinzelte Druckfehler lassen sich in der nächsten, sicher bald notwendigen Auflage, leicht beheben. H. HETZER

BURTON, J. D.; LISS, P. S. (Hrsg.)

Estuarine Chemistry

London—New York—San Francisco: Academic Press 1976. 229 S., 67 Abb.; 30 Tab., US-Dollar 17,50

In den letzten 10 Jahren sind eine Reihe hervorragender Bücher erschienen, in denen der beträchtliche Umfang von Originalarbeiten auf dem Gebiet der marinen Chemie begutachtet und zusammenfassend dargestellt wird. Das vorliegende Buch ist ebenfalls in diese Kategorie einzuordnen.
Zum überwiegenden Teil ist das Studium der Chemie in Flußmündungen und Meeresbuchten bisher vom Standpunkt des Geochemikers oder des Umweltwissenschaftlers betrieben worden. Für den Wassergeochemiker sind Flußmündungen und küstennahe Bereiche zunächst als Übergangszone wichtig, in denen das von Flüssen in das Meer getragene Material erheblich modifiziert wird, während der Umweltwissenschaftler sich mit spezifischen Problemen, die aus den Einflüssen von industrieller und städtischer Entwicklung auf Flußmündungsgewässer hervorgehen, beschäftigt. Elf britische und niederländische Autoren haben in diesem Buch, unter Beachtung dieser Aspekte, die derzeitigen Kenntnisse von flußmündungschemischen Prozessen in 7 Kapiteln zusammengetragen, eingehend betrachtet und beschrieben.
Kap. 1: „Grundlegende Eigenschaften und Prozesse der Flußmündungschemie"; Kap. 2: „Sedimentäre Prozesse in Flußmündungen"; Kap. 3: „Organische Prozesse in Flußmündungen"; Kap. 4: „Konservatives und Nichtkonservatives Verhalten von gelösten Bestandteilen während des Mischens in Flußmündungen"; Kap. 5: „Prozesse, die die Schwermetalle in Flußmündungssedimenten beeinflussen"; Kap. 6: „Radioaktive Spuren bei flußmündungschemischen Studien"; Kap. 7: „Chemische Prozesse in einer Mündung mit größerer Aufnahme von industriellen und Haushaltsabfällen".
Eine große Anzahl von Einzeldaten sowie zahlreiche tabellarische Zusammenstellungen und 447 Literaturzitate machen das Buch zu einem Nachschlagwerk. Auf Grund seines interdisziplinären Charakters ist es für Ozeanographen, Limnologen, Geologen, Wasserchemiker und Umweltwissenschaftler gleichermaßen interessant und empfehlenswert. H. UNGETHÜM

HEINZE, H. und Autorenkollektiv

Handbuch der Sprengtechnik

Leipzig: VEB Deutscher Verlag Grundstoffind. 1975. 545 S., 367 Abb., 93 Tab., M 49.—

Einem dringenden Anliegen der Sprengtechnik wird mit vorliegendem Werk Rechnung getragen. Es werden die heute üblichen und bekannten Sprengverfahren bzw. Methoden zur Gesteinszerstörung behandelt, wenn von den Verfahren der Untertagesprengung abgesehen wird. Durch ausreichenden, allgemein verständlichen theoretischen Gehalt sowie durch zahlreiche praktische Anwendungsbeispiele wird der Kreis besonders angesprochen, der Sprengarbeiten vorbereitet und durchführt.
Die chemischen und physikalischen Grundlagen der Sprengtechnik, die Sprengstoffe und Zündmittel sowie das Zubehör werden knapp, prägnant und übersichtlich gebracht. Diese konzentrierte, auf das Wesentliche orientierte Darstellung fehlt beim Abschnitt „Vorbereitung und Durchführung von Sprengarbeiten", in dem z. B. Wiederholungen vom vorhergehenden Abschnitt auftreten. Die Verfahren werden detailliert mit Beispielen zur praktischen Ladungsberechnung, besonders bei Abbruchsprengungen erläutert. Grundsätze zur Berechnung der Lademenge und zum Ausbruchvolumen werden mit einer umfangreichen Formelsammlung zur Berechnung ergänzt, so daß ein anwendungsbreites Arbeitsmaterial dem Praktiker zur Verfügung steht. Die Verwendung abgestimmter und logischer Benennungen und Begriffe für Sprengstoffe, Zündmittel, Zubehör und für Berechnungsverfahren dürften der notwendigen und besseren Verständigung aller am Sprengwesen der DDR Interessierten dienen.
Bei einer sicher erfolgenden Neuauflage sollten die Formel- und Tabellenverzeichnisse (S. 525—531) und die Tabellenanführungen im Text mit der Seitenbezeichnung versehen werden, wo die Formeln und Tabellen zu finden sind.
Dem Kollektiv ist für dieses Werk, das unter Berücksichtigung der Weiterentwicklung der Sprengtechnik an die Stelle des Weichelt-Handbuchs tritt, zu danken. H. BAUMANN

BARTHEL, H.

Bergbau, Landschaft, Landeskultur in der DDR

Gotha, Leipzig: VEB Hermann Haak 1976. 71 S., 31 Abb., M 7,—

In diesem Bändchen, Heft 18 der Reihe „Geographische Bausteine" gibt Verf., selbst Spezialist in Fragen der Nachfolgenutzung zeitweilig devastierter Bergbauflächen, eine kurze Übersicht über Probleme dieser Art. Sie greifen, da es sich unter anderem auch um die Gewinnung von Erzen, Kohlen und Nichterzen handelt, die in über 1600 Lagerstätten der DDR abgebaut werden, weit in das Gebiet der Geologie hinein. Die Grenzen von dieser zu den Fragen der Landschaft und der Landschaftsgestaltung auf der Basis des Landeskulturgesetzes sind fließend. In besonderem Maße wird dabei der Braunkohlentagebau in den Bezirken Leipzig, Halle und Cottbus angesprochen. Es ist das Anliegen des Verf., nicht allein mit den aufgetretenen Schäden fertig zu werden, sondern solche durch eine exakte Kenntnis der Materie nach Möglichkeit zu vermeiden. K. KAUTER

SVOBODA, JOSEF

Český masív ve fotografii (Das Böhmische Massiv in Fotografien)

Praha: Ústřední ústav geologický 1973. 256 Abb., Kčs 90.—

Wie bereits ein erstes Durchblättern dieses Buches zeigt, wird seine Bedeutung ohne Zweifel vom reichen Abbildungsmaterial bestimmt. Es ist das dominierende Element dieses von der geologischen Zentralanstalt der Tschechoslowakischen Akademie der Wissenschaften herausgegebenen Titels. 256 prächtige, auch in der Wiedergabe noch immer durchaus befriedigende Aufnahmen — ausgewählt, wie der Autor schreibt, aus einem Archiv von mehreren Tausend Bildern — vermitteln einen umfassenden Eindruck der verschiedenen geographischen Regionen und geologischen Formationen des Böhmischen Massivs sowie seiner charakteristischen struktur-tektonischen Einheiten. Andere zeigen wichtige Typuslokalitäten oder weltbekannte Aufschlüsse: Moldanubikum (48 Abbildungen): Kristallinikum von Kutná Hora (9); Nordwestböhmischer Kristallinkomplex (17); Kristallinikum der Westsudeten (31); Mährisch-Schlesischer Kristallinkomplex (15); Proterozoikum und Paläozoikum (64); Mesozoikum (25); Tertiär (11); Neovulkanite (23); Quartär (13).
Die Abbildungsunterschriften sind in tschechischer Sprache verfaßt. Kurze Erläuterungen zu den Abbildungen finden sich überdies in Tschechisch, Englisch, Deutsch, Russisch und Französisch. Die Anordnung dieses umfangreichen Materials erfolgte nach regional-geologischen Gesichtspunkten. Mit der gleichen Gliederung gibt es in tschechischer und englischer Sprache kurze Einführungskapitel über die Geologie der einzelnen Struktureinheiten und einen Abriß der historischen Geologie des Böhmischen Massivs, die das empfehlenswerte Buch noch zusätzlich bereichern. U. WUTZKE

Zeitschrift für angewandte Geologie, Bd. 23 (1977), Heft 10

Informationen

Erdöl in Afrika

Im Jahre 1976 betrug die Erdölförderung Afrikas 279,5 Mill. t, gegenüber 243,3 Mill. t im Jahr zuvor. Das sind mehr als 12% der gesamten Erdölförderung im nichtsozialistischen Wirtschaftsbereich. An der Spitze der afrikanischen Produzenten steht Nigeria mit einem Förderanteil (1976) von 35,7%. Es folgen Libyen mit 32,9%, die DVR Algerien mit 16,9%, die AR Ägypten mit 5,8%, Gabun mit 4,0%, Angola mit 2,2%, Tunesien mit 1,5%, die VR Kongo mit 0,8% und Zaire mit 0,2%. Die drei größten Förderländer Afrikas sind Mitglieder der OPEC.

Kohle- und Bauxitbergwerk in der Ungarischen VR

Die Ungarische VR hat die Errichtung eines kombinierten Kohle- und Bauxitbergwerks bei Nagyegyháza in Angriff genommen, dessen Fertigstellung 1981/82 vorgesehen ist. Die Vorräte an Kohle belaufen sich dort auf 55 bis 60 Mill. t, die von Bauxit auf etwa 10 Mill. t. Nach Inbetriebnahme des Werks wird Nagyegháza pro Jahr ca. 1,7 Mill. t Braunkohle und 500000 t Bauxit fördern. Die Bauxitgewinnung kann im Bedarfsfall auf 750000 bis 800000 t gesteigert werden. Die vorgesehene Bauxitproduktion entspricht ca. 20% des Grundstoffbedarfs der ungarischen Tonerdeindustrie. Zwei Drittel der neuen Kohleförderung ist für die Versorgung des 1930-MW-Wärmekraftwerks bei Bicske bestimmt.

Eisenerz in Schweden

Mit 25 Mill. t Jahresförderung von Eisenerz liegt Schweden, das lange Jahre hindurch die Reihe der Weltproduzenten anführte, heute, soweit es die in der LKAB zusammengeschlossenen Gruben angeht, mit Abstand hinter Australien, das 90 Mill. t fördert, Brasilien mit 75 Mill. t und Kanada mit 55 Mill. t. Während die übrigen Produzentenländer das Erz überwiegend im Tagebau gewinnen, werden in Schweden 80 bis 85% des Eisenerzes unter Tage gefördert, wodurch der Abbau engeren technischen Grenzen unterworfen ist. Die großen Eisenerzlagerstätten in Nordschweden sind kürzlich einer neuen Einschätzung unter den derzeit gültigen Weltmarktbedingungen unterzogen worden mit dem Ergebnis, daß die bisher mit 2,5 Mrd. t angegebenen Reserven nun nur noch mit 1,2 Mrd. t ausgewiesen werden.

Weltbleiwirtschaft

Nach einer UNO-Statistik werden Bleilagerstätten in fast 50 Ländern der Welt abgebaut. 1975 betrug die Gesamtförderung 3,4 Mill. t (Metallgehalt im Erz). Daran waren aber in der Hauptsache sechs Länder beteiligt, nämlich die USA mit 17%, die UdSSR mit 15%, Australien mit 12%, Kanada mit 10%, Mexiko mit 6% und Perú mit 5%.
Die sozialistischen Länder verfügen über etwa 1/4 der bekannten Bleivorräte. Neben der UdSSR haben die SFR Jugoslawien, die VR Bulgarien und die Koreanische VDR an der Weltförderung mit einer Produktion von über 100000 t einen gewichtigen Anteil. Größere Mengen werden ferner mit 70000 t in der VR Polen und mit 45000 t in der SR Rumänien gewonnen.

Welt-Asbestproduktion

Die Asbestproduktion in der Welt machte in den letzten Jahren folgende Entwicklung durch (in 1000 t):

	1975	1976
UdSSR	2224	2293
Kanada	1056	1533
Südafrika	629	653
Europa	290	290
VR China	132	132
USA	91	122
Südamerika	63	68
Australien	50	63
andere Länder	23	23
insgesamt	4558	5188

Entwicklung von Bergbauprodukten der Ungarischen VR

Nachstehende Zahlen geben einen Überblick über die Entwicklung einiger ausgewählter Bergbauprodukte in der Ungarischen VR:

		1970	1975	1980
Kohle	Mill. t	27,8	24,9	24,0
Erdöl	Mill. t	1,9	2,0	2,0
Erdgas	Mrd. m^3	3,5	5,2	6,0
Bauxit	Mill. t	2,0	2,9	3,1

RGW-Geologen in der Mongolischen VR

Auf Grund von Beschlüssen der 29. Tagung des Rates für Gegenseitige Wirtschaftshilfe (RGW) werden die gemeinsamen geologischen Untersuchungen in einer zweiten Feldsaison fortgesetzt. Das Untersuchungsgebiet in der MVR umfaßt eine Fläche von 32000 km^2. Insgesamt nehmen an dieser zweiten Feldsaison über 300 Geologen, Spezialisten und Techniker aus allen Mitgliedsländern des RGW teil. Die Leitung der Internationalen Geologenexpedition liegt bei dem Geologischen Dienst der MVR in den Händen von Dr. Shambyn Bjamba.
Von dem Reichtum an Bodenschätzen der Mongolischen VR zeugt insbesondere der „Schatzberg von Erdenet". Hier liegt eine der zehn größten Kupfer-Molybdän-Lagerstätten der Welt. Die Arbeiten sind soweit fortgeschritten, daß im Jahre 1978 mit dem Produktionsbeginn und einer Produktion von 4 Mill. t Kupfer- und Molybdänkonzentrat gerechnet werden kann. 1980 soll die Produktion bereits 16 Mill. t erreichen.

Kurznachrichten

Die **Welterdölförderung** erhöhte sich 1976 gegenüber 1975 um 7,6%. An der Spitze der Förderländer steht die UdSSR, gefolgt von Saudiarabien und den USA. Letztere hatten auch 1976 einen Rückgang in der Erdölförderung zu verzeichnen. An vierter Stelle rangiert Iran, gefolgt von Venezuela, Kuweit und Irak.

Die in **Lateinamerika** erkundeten **Erdölvorräte** betrugen Ende 1975 ca. 4 Mrd. t, darunter: Venezuela 2787,5, Argentinien 343,7, Ekuador 323,0, Brasilien 106,6, Perú 102,4, Trinidad-Tobago 100,2, Kolumbien 79,0 und Bolivien 19,2.

Bei Abu Dhabi Town, im Raum von As-Sadj'a, im Westgebiet des Festlands von Svhardscha, auf der **arabischen Halbinsel**, ist nach Abschluß eingehender geologischer Vorarbeiten eine neue **Erdöllagerstätte** größeren Ausmaßes entdeckt worden. Einzelheiten stehen noch aus.

Venezuelas Eisenerzvorräte werden auf 2,5 Mrd. t geschätzt, soweit sie im Tagebau gefördert werden können. Die Vorräte in größerer Tiefe sollen sich auf 7,5 Mrd. t belaufen. Venezuela gehört zu den zehn größten Eisenerz produzierenden Ländern der Welt.

Die Republik **Panamá** hat mit der Erschließung ihrer umfangreichen **Kupfererzlagerstätten** in Cerro Netaquilla (300 Mill. t Vorräte) und Cerro Colorado (2 Mrd. t Kupfererz) begonnen. Die erste soll mit 70000 t/a Kupfer, die zweite demnächst mit 150000 t/a Kupfer die Produktion aufnehmen.

In der **DVR Algerien** werden **Phosphatlagerstätten** derzeit nur in Djebel Onk abgebaut. Die Produktion beträgt ca. 700000 t/a. Sie soll durch Einbeziehung weiterer Lagerstätten bis 1977 auf 2,1 Mill. t/a gesteigert werden. Ein Teil des Rohstoffs wird exportiert, ein anderer im Lande selbst verarbeitet.

In der **ČSSR** werden die **Quarzrohstoffe** in der Böhmischen Masse, die in der Produktion von Glas, Porzellan, Keramik, Email in Hütten und Gießereien verwendet werden, einer neuen Überprüfung unterzogen. Dabei steht die Verwendungsmöglichkeit für Ferrosilizium und Silizium im Vordergrund.

Neuere Untersuchungen in der **ČSSR** haben ergeben, daß die **Gips- und Anhydritlagerstätte** von Bohunovo in Schichten liegen, die wahrscheinlich der unteren Trias zugehören. Es handelt sich um eine Scholle innerhalb des Slowakischen Karstes. Die Gipslagen treten im Hangenden von Anhydriten auf.

Bezugsmöglichkeiten der „Zeitschrift für angewandte Geologie"

Bestellungen sind zu richten

- in der DDR an den Postzeitungsvertrieb; an eine Buchhandlung oder an den Akademie-Verlag, DDR - 108 Berlin, Leipziger Straße 3–4
- im sozialistischen Ausland an eine Buchhandlung für fremdsprachige Literatur oder an den zuständigen Postzeitungsvertrieb
- in der BRD und Westberlin an eine Buchhandlung oder an die Auslieferungsstelle KUNST und WISSEN, Erich Bieber, 7 Stuttgart, Wilhelmstraße 4–6
- in Österreich an den Globus-Buchvertrieb, 1201 Wien, Höchstädtplatz 3
- im übrigen Ausland an den Internationalen Buch- und Zeitschriftenhandel; den Buchexport, Volkseigener Außenhandelsbetrieb der Deutschen Demokratischen Republik. DDR - 701 Leipzig, Postfach 160, oder an den Akademie-Verlag, DDR - 108 Berlin, Leipziger Straße 3–4.

„Zeitschrift für angewandte Geologie"

Herausgeber: Prof. Dr. KARL SCHMIDT, Direktor des Zentralen Geologischen Instituts, Berlin, im Auftrage des Ministeriums für Geologie der Deutschen Demokratischen Republik.

Chefredakteur: Dr. KURT KAUTER, Zentrales Geologisches Institut, Berlin.

Anschrift der Redaktion: DDR - 1054 Berlin, Kastanienallee 69 (Fernruf 2824293/2824593).

Verlag: Akademie-Verlag, DDR - 108 Berlin, Leipziger Straße 3–4; Fernruf: 2236221 u. 2236229 Telex-Nr. 114420; Postscheckkonto: Berlin 35021 Bank: Staatsbank der DDR, Berlin, Kto.-Nr.: 6836-26-20712.

Veröffentlicht unter der Lizenznummer 1279 des Presseamtes beim Vorsitzenden des Ministerrates der Deutschen Demokratischen Republik.

Gesamtherstellung: VEB Druckhaus „Maxim Gorki", DDR - 74 Altenburg.

Erscheinungsweise: Die Zeitschrift erscheint monatlich. Die 12 Hefte eines Jahres bilden einen Band. Bezugspreis je Band 144,– M zuzüglich Versandspesen (Preis für die DDR 24,– M). Bezugspreis je Heft 12,– M (Preis für die DDR 2,– M).

Bestellnummer dieses Heftes: 1047/23/10.

Alleinige Anzeigenannahme DEWAG-Werbung, DDR - 1054 Berlin, Wilhelm-Pieck-Str. 49, und alle DEWAG-Betriebe und Zweigstellen der Bezirke der DDR.

AN (EDV) 32138

Zeitschrift für angewandte Geologie 10/77

Herausgegeben vom Zentralen Geologischen Institut Berlin im Auftrag des Ministeriums für Geologie der Deutschen Demokratischen Republik
Verlag: Akademie-Verlag, 108 Berlin, Leipziger Straße 3—4

Орёл, В. Е.

Успехи газовой промышленности Советского союза и некоторые методические особенности разведки газовых месторождений

Z. angew. Geol., Берлин, 23 (1977) 10, стр. 486—492, 1 табл., 5 лит.

Бурное развитие советской газовой промышленности характеризуется на примере важных газоносных провинций. В связи с новыми завоеваниями о закономерностях образования и размещения нефтяных и газовых залежей, обсуждаются особенные требования и методы специальной разведки как и разработки газовых месторождений различного типа. В дальнейшем останавливается на поддержку, оказанная ГДР со стороны СССР на этой области.

Максимов, С. П.; Сафонова, Г. И.

Некоторые критерии геохимической характеризации катагенетического превращения нефти на основе состава специфических остаточных углеводородов

Z. angew. Geol., Берлин, 23 (1977) 10, стр. 492—497, 4 илл., 4 табл., 11 лит.

Доказывается, что состав высокомолекулярных n-алканов даст возможность, уточнять стратиграфическую принадлежность нефтей как и точнее охватывать влияние теплового фактора в пластах на количественный состав нефтей, что дальше величина $\frac{\text{пристан}}{\text{фитан}}$ изопреноидовых углеводородов имеет генетическое значение. Достаточные вычисления коэффициента маринности нефтей по К. Ф. Салманову позволяют доказать зависимость этого критерия от фациальных отношений. Содержание полициклических нафтенов в нефтях также имеет генетическое значение. Общее высокое содержание остаточных углеводородов в различных нефтях доказывает их органическое происхождение.

Орёл, В. Е.; Гольдбехер, К. и др.

Количественная оценка добываемой воды при разработке газовых месторождений

Z. angew. Geol., Берлин, 23 (1977) 10, стр. 498—500, 3 илл.

Дана количественная оценка добываемой конденсационной и минерализованной воды при разработке газового месторождения. Результаты расчетов сопоставлены с данными замеров по скважинам. Сделана оценка состояния эксплуатационного фонда скважин с точки зрения выноса ими минерализованных вод на основе определения динамики содержания ионов хлора в добываемой продукции. Это позволило выделить группы скважин, характеризующихся как постоянным снижением степени минерализации, так и некоторым увеличением минерализации выносимых вод. На основе проведенного анализа сделаны важные практические выводы.

Хетцер, Х.; Соловев, Б. В.; Силонов, Ф. А.

Нефте-газо-геологическое районирование акватории Северного моря

Z. angew. Geol., Берлин, 23 (1977) 10, стр. 500—508, 5 илл., 2 табл., 16 лит.

Пространство Северного моря является в настоящее время наибольшим нефте-газоносным регионом Западной Европы, в котором досих пор доказаны ок. 830 скважинами от 3 до 3,5 мрд. т нефти и 2500 мрд. м³ газа. Геологическое строение характеризуется каледонско консолидированным фундаментом и наложенными мощными, тектоническо осложненными сериями перми, мезозоя и кайнозоя. По геолого-тектоническому развитию и углеводородоносности выделяются газоносная плоскость южной пермской впадины, нефтегазовая область Центрального и Викингского прогибов, нефтегазовая область Брентского блока и впадины Морэй-Фёрс как и перспективная область Норвегско-Данской впадины. По анализу критериев надежности возможен вывод, что потенциальные запасы пространства Северного моря еще выше, чем до сих пор доказанные запасы нефти и газа.

Удинцев, Г. Б.; Крюгер, П.; и др.

Геологические исследования в области острова Ян Майен Часть I-я: Предварительные результаты морфологического и геологического исследования на хребте МОН севернее острова Ян Майен

Z. angew. Geol., Берлин, 23 (1977) 10, стр. 509—512, 3 илл., 9 лит.

Гарецкий, Р. Г.; Айзберг, Р. Е.

К методике составления тектонических карт платформенных областей

Z. angew. Geol., Берлин, 23 (1977) 10, стр. 512—517, 1 илл., 6 лит.

Принцип районирования по возрасту основной складчатости, лежащий в основе многочисленных тектоничнских обзорных карт больших областей, мало способен для составления средне- и крупномасштабных региональных тектонических карт. Причина для этого находится в том, что на обзорных картах не достаточно изображаемы крупные структурные элементы, история развития и платформенные покровные горы. На основе Тектонической карты Белоруссии лежит изображение пространственных отношений структурных комплексов и структурных этажей платформенных областей, специально преобладающих по мощности. Это значит, что производится районирование по возрасту основных этаппов образования платформенных структур. После описания методики подробно описывается подготовление и структурное строение отдельных комплексов.

Вялов, О. С.; Медведев, А. П.

Доальпидская структура западной Украины и южной Польши и взаимоотношения между платформенными и геосинклинальными областями

Z. angew. Geol., Берлин, 23 (1977) 10, стр. 517—521, 1 илл., 22 лит.

На примере западной Украины и южной Польши, лежащие в шарнирной зоне Восточноевропейской платформы и разновозрастных частях средиземного геосинклинального пояса, представляются временно-пространственные взаимоотношения между платформами и геосинклиналями. Геотектоническое развитие шарнирной зоны между рифейским и каменноугольным временами вычеркивается тем, что в следствие проходящей консолидации всегда более молодых геосинклинальных систем платформа простроится и что между платформой и геосинклиналью существует постоянное пространство опускания (каледонские, варисцийские и алпидские предгорные впадины).

Баласанян, С. И.

Магматические глубинные процессы, связанный с ними тектогенез и развитие подвижного пояса земной коры

Z. angew. Geol., Берлин, 23 (1977) 10, стр. 521—524, 15 лит.

На примере Малого Кавказа рассматривается связь между магматизмом и тектоникой, при чем и устанавливается на причинах этих явлений. Попытается, параллелизировать магматическо-тектонический ход с вещественным возникновением и содержанием пород. Потом указывается на магматическо-вещественная собственность каждого мобильного пояса.

Щеглов, А. Д.

Рудная геология в новом пятилетном плане в СССР

Z. angew. Берлин, Geol., 23 (1977) 10, стр. 524—528.

Советская рудная геология участвовала с решающим вкладом при систематическом использовании уже разведанных и при открытии новых месторождений для укрепления народного хозяйства. Успехи советских геологов отводятся от комплексного привода таких вопросов, как условия образования и размещения месторождений. Для будущего ставится задача, искать руды с современными научными методами в уже „разработанных" областях и сохранить сырьевую базу перспективной разведкой в ново строящихся промышленных центрах, прежде всего в азиатской части СССР. Подчеркивается при этом роль частных отраслей геологии.

Пиннекер, Е. К.; Писарски, Б. И.

Актуальные гидрогеологические проблемы при постройке Байкал-Амурской Магистрали

Z. angew. Geol., Берлин, 23 (1977) 10, стр. 528—532, 8 илл.

Сылаясь на значение Байкал-Амурской Магистрали (БАМ) для освоения сибирских полезных ископаемых, излагается большое значение решения гидрогеологических вопросов при постройке БАМа. Исследуются четыре главных вопроса:
— разведка и освоение грунтовых вод для цели снабжения, — гидрогеологические проблемы при постройке БАМа и при освоении месторождений, закономерности распространения и генезиса грунтовых вод, охрана грунтовых вод. При этом обсуждаются проблемы вечной мерзлоты и останавливаются на возможностях освоения и использования минеральных вод как лечебные, промышленно использовавшие и термоэнергетические воды.

Im Zeichen der Freundschaft

Aus Anlaß des 60. Jahrestages der Großen Sozialistischen Oktoberrevolution haben Herausgeber und Redaktion der

Zeitschrift für angewandte Geologie

eine Bibliographie der in den Jahren 1955 bis 1975 in dieser Zeitschrift erschienenen Arbeiten sowjetischer Fachkollegen herausgebracht. Sie veranschaulicht die Fülle und Vielseitigkeit allein der publizistischen Beiträge, mit denen sowjetische Wissenschaftler und Praktiker in dieser Etappe befruchtenden Einfluß auf die Entwicklung der geologischen Forschung und Erkundung in unserer Republik nahmen. Autoren und Sachregister des Informationsmittels ermöglichen einen schnellen Überblick über diese in 20 Zeitschriftenjahrgängen enthaltenen Artikel. Die Veröffentlichung, zugleich Ausdruck des Dankes für die unserer Zeitschrift erwiesene brüderliche Unterstützung, ist unter dem Titel

„Bibliographie sowjetischer Arbeiten in der Zeitschrift für angewandte Geologie“

als Band 40 der Abhandlungen des Zentralen Geologischen Instituts (79 Seiten, brosch., M 30.—) erschienen.

Bestellungen werden an die Vertriebsstelle des ZGI, 104 Berlin, Invalidenstr. 44, erbeten.

PEDKO, A.

Methode zur Bestimmung des Meißelbedarfs beim Niederbringen von Bohrungen unter komplizierten geologischen Bedingungen

Z. angew. Geol., Berlin, **23** (1977) 10, S. 533–535, 2 Tab., 12 Lit.

Die Abhängigkeiten der Meißelmarschlänge von der Teufe, deren Linearität und ausreichende Genauigkeit zu beweisen war, werden fixiert. Für die Berechnung der innerhalb eines Bohrfeldes notwendigen Meißelanzahl dienen Faktoren als Grundlage, die die Meißelmarschlänge beeinflussen. Diese Methode der Meißelbedarfsermittlung kann auf beliebige Lagerstätten angewendet werden.

KAEMMEL, T.; MÜLLER, E. P.; u. a.

Altmarkit — ein neues Mineral

(Vorläufige Mitteilung)

Z. angew. Geol., Berlin, **23** (1977) 10, S. 535–536, 1 Tab., 2 Lit.

LEEDER, O.

Zur V. Allunionskonferenz über Thermobargogeochemie

Z. angew. Geol., Berlin, **23** (1977) 10, S. 536–537, 2 Lit.

KAEMMEL, T.; MÜLLER, E. P. et al.

Altmarkit — a New Mineral

(Preliminary Communication)

Z. angew. Geol., Berlin, **23** (1977) 10, pp. 535–536, 1 Table, 2 Refs.

LEEDER, O.

Vth All-Union Conference on Thermobarogeochemistry

Z. angew. Geol., Berlin, **23** (1977) 10, pp. 536–537, 2 Refs.

ПЕДКО, А.

Метод для определения потребности долот при бурении скважин при сложных геологических условиях

Z. angew. Geol., Берлин, **23** (1977) 10, стр. 533–535, 2 табл., 12 лит.

Устанавливается зависимость длины хода долот от глубины, линейность и достаточная точность которой было нужно доказать. Для вычисления нужного количества долот внутри одного промысла основой служат факторы, которые влияют на длину хода долот. Этот метод определения потребности долот применяемый на любые месторождения.

КАЭММЕЛ, Т.; МЮЛЛЕР, Е. П.

Альтмаркит — новый минерал

(Предварительное сообщение)

Z. angew. Geol., Берлин, **23** (1977) 10, стр. 535–536, 1 табл., 2 лит.

ЛЭЭДЕР, О.

К V-ой Всесоюзной конференции по термобарогеохимии

Z. angew. Geol., Берлин, **23** (1977) 10, стр. 536–537, 2 лит.

Neuerscheinungen und Literaturhinweise

BAUMANN, L.; TISCHENDORF, G.

Einführung in die Metallogenie — Minerogenie

Leipzig: Dt. Verlag Grundstoffind. 1976. 458 S., 100 Abb., 36 Tab., 3 Anl., 384 Lit.

LARIONOW, W. W.; RESWANOW, R. A.

Kerngeophysik und radiometrische Erkundung

Moskau: Verlag Nedra 1976. 300 S., 98 Abb., 29 Tab., 24 Lit.

LOBANOW, N. J.

Ökonomische Lagerstättenbewertung und rationelle Ausnutzung des Erdinnern

Leningrad: Verlag leningr. Univ. 1976. 150 S., 4 Abb., 32 Tab., 149 Lit.

FSC
www.fsc.org
MIX
Papier | Fördert gute Waldnutzung
FSC® C083411

Zeitfracht Medien GmbH
Ferdinand-Jühlke-Straße 7
99095 Erfurt, Deutschland
produktsicherheit@kolibri360.de